Hunan Niaolei Tujian

湖南省野生动植物保护协会系列丛书之一

湖南鸟类图鉴

李剑志 著

CNS PUBLISHING & MEDIA
湖南科学技术出版社

湖湘胜地

鸟类天堂

何继善

中国工程院资深院士、湖南省科协名誉主席
何继善为本书题词

作者简介

李剑志 中国摄影家协会会员、中国动物学会鸟类分会会员、益阳市政协委员、沅江市职业中等专业学校高级教师。曾在《人民日报》《中国环境报》《湖南日报》《散文诗》等报刊发表作品 500 多件。出版《洞庭百鸟图》和《洞庭湖鸟类图谱》2 部著作。分别在清华大学、山西省平遥县、湖南省部分县市区举办个人鸟类摄影展两百多场次，被媒体及环保部门誉为“洞庭湿地护鸟第一人”。

内容提要

《湖南鸟类图鉴》是作者自 1999 年以来潜心研究和拍摄湖南省鸟类而写成的科普读物。内容包括湖南省鸟类资源丰富区域分布图，观鸟常识，鸟类外部形态图，鸟类常用术语和目前能够见到的湖南省 446 种鸟类的彩色照片、鸟名、鉴别特征、生活习性、繁殖特点、居留状况、种群数量及遇见的难易程度等。本书可为专业人员开展科学研究提供资料，亦可作为政府相关部门如自然保护区、海关、商检、检疫、旅游、环保、科普的参考书，更适合作为青少年的课外科普读物。

序

欣闻《湖南鸟类图鉴》即将出版，特向该书主编李剑志先生表示衷心祝贺！

在我国的鸟类研究中，有关湖南鸟类的研究资料相对较少，具有权威性的研究工作是 1955～1957 年中国科学院组织的湖南鸟类资源调查。随后，郑作新院士、沈猷慧教授、梁启燊教授等人陆续对湖南的鸟类资源进行了报道。20 世纪 90 年代以后，湖南省的鸟类调查和研究进入一个新的阶段，鸟类研究的队伍不断壮大，以邓学建、廖晓东、杨道德、王斌等教授为代表的专家学者在湖南各地开展调查，研究成果不断涌现；以桂小杰、李立、段文武、李剑志、雷刚等为代表的保护人士，为湖南鸟类资源保护事业作出了重要贡献。

李剑志先生是全国知名的爱鸟人士，也是中国摄影家协会会员、中国动物学会鸟类分会会员。多年来一直坚持在洞庭湖地区进行鸟类的调查和研究，拍摄了大量鸟类的精彩照片，也曾出版《洞庭百鸟图》和《洞庭湖鸟类图谱》两部著作。我相信，《湖南鸟类图鉴》的出版，一定会受到广大读者的喜爱，也将对湖南鸟类的研究和保护事业起到重要的推动作用。

张正旺

中国动物学会副理事长

北京师范大学教授

2018 年 4 月 11 日

PREFACE

前言

湖南省地处东经108° 47′至114° 45′、北纬24° 39′至30° 28′之间，东西宽约667 km、南北长约774 km，总面积约211800km^2。境内东南西三面环山，幕阜、罗霄山脉绵亘于东，五岭山脉屏障于南，武陵、雪峰山脉逶迤于西。湘西山地大多数山峰海拔1000m以上，中部丘陵与河谷盆地相间，北部有美丽的洞庭湖。

湖南省属中亚热带，气候温和，植被繁茂，且具多样的地形地貌，为鸟类提供了适宜的生存场所。目前，全省记录到的鸟类有500种左右，约占全国鸟类种数的34%。其中国家一级保护鸟类有白头鹤、白鹤、黑鹳、东方白鹳、中华秋沙鸭等；国家二级保护鸟类有红腹锦鸡、大天鹅、小天鹅、鸳鸯等。

虽然湖南省鸟类资源十分丰富，但至今还没有一本全面介绍鸟类的书籍。为了填补湖南省鸟类著作的空白，大力普及鸟类知识，推动观鸟旅游，进而更好地保护鸟类，保护生态环境，本人倾力编写《湖南鸟类图鉴》。

本书以郑光美院士主编的《中国鸟类分类与分布名录》(第三版)为依据，参考

《中国鸟类志》《中国鸟类图志》和《湖南动物志（鸟纲雀形目）》等书籍，结合本人19 年拍鸟记录进行编写。本书介绍了湖南省鸟类资源丰富区域分布图、观鸟常识、鸟类外部形态图、鸟类常用术语和湖南省目前记录到的 446 种鸟类的彩色照片、鸟名、野外鉴别特征、生活习性、繁殖特点、居留状况、种群数量及遇见的难易程度等。更为难得的是每种鸟类配有 2～3 张彩色照片，或为雌雄，或为冬羽夏羽，或为一站一飞，或为不同姿态，力求充分展现鸟类的形态特征和生态习性。本书可作为专业人员开展鸟类学研究，农、林、师范院校师生开展野外实习，政府相关部门如自然保护区、海关、商检、检疫、旅游、环保、科普等开展工作的参考书；也可以供摄影和鸟类爱好者、环保和科普志愿者阅读；更适合作为青少年学生的课外科普读物。

在编著本书时，得到了中国工程院资深院士、原湖南省科协主席何继善先生的支持与鼓励；得到了中国动物学会副理事长、北京师范大学教授张正旺先生的指导与支持；得到了湖南师范大学教授邓学建先生、中南林业科技大学杨道德教授的指教与帮助；北京的郭玉民、华军、焦庆利、李显达，辽宁的张明、刘学忠、谷国强，河北的陈振江，浙江的郑永富、朱英、范忠勇、钱斌，湖北的舒庆仁、颜军、刘思沪，四川的牛蜀军，福建的罗永辉、董国泰，内蒙古的赵国君，黑龙江的任世君，湖南的姚毅、张志强、龚军、康祖杰、邓伟宏、潘学兵、张京明、胡荣桂、李周信、白林壮、舒兆恩、戴勇、李正文、夏建华、张吉安提供了大量的精美照片。还得到了许多领导、专家、企业家和朋友的指教、帮助或大力支持，在此深表感谢！同时感谢家人特别是夫人胡爱云的支持！

由于时间仓促，本人水平有限，书中难免有不当或错误之处，敬请大家批评指正！

李剑志

2018 年 2 月 18 日

CONTENTS

目录

07 鹃形目 CUCULIFORMES

08 鸨形目 OTIDIFORMES

09 鹤形目 GRUIFORMES

10 鸻形目 CHARADRIIFORMES

14 鹰形目 ACCIPITRIFORMES

（一）鹗 科

（二）鹰 科

15 鸮形目 STRIGIFORMES

（一）鸱鸮科

（二）草鸮科

16 咬鹃目 TROGONIFORMES

咬鹃科

17 犀鸟目 BUCEROTIFORMES

18 佛法僧目 CORACIIFORMES

19 啄木鸟目 PICIFORMES

20 隼形目 FALCONIFORMES

21 雀形目 PASSERIFORMES

（二十）树莺科

（二十一）长尾山雀科

（二十二）莺鹛科

（二十三）绣眼鸟科

（二十四）林鹛科

（二十五）幽鹛科

（二十六）噪鹛科

（四十二）鹀科

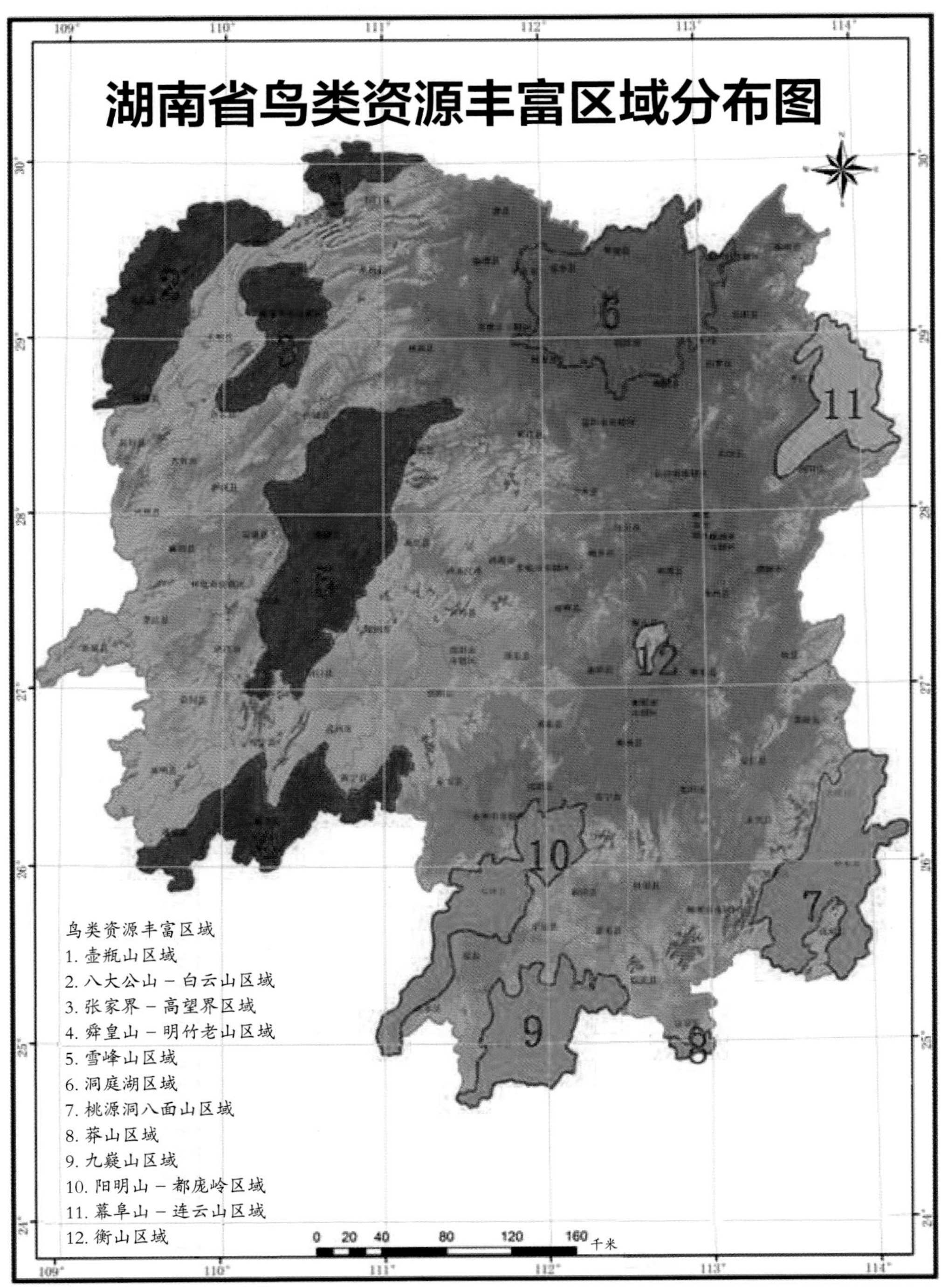
湖南省鸟类资源丰富区域分布图
鸟类资源丰富区域
1. 壶瓶山区域
2. 八大公山－白云山区域
3. 张家界－高望界区域
4. 舜皇山－明竹老山区域
5. 雪峰山区域
6. 洞庭湖区域
7. 桃源洞八面山区域
8. 莽山区域
9. 九嶷山区域
10. 阳明山－都庞岭区域
11. 幕阜山－连云山区域
12. 衡山区域
0 20 40 80 120 160 千米
109° 110° 111° 112° 113° 114°
30° 29° 28° 27° 26° 25° 24°

观鸟常识

观鸟是一项充满乐趣、有益身心健康的户外活动。在国外观鸟是一项很流行的活动，在国内由于洞庭湖国际观鸟大赛已连续举办 9 届，观鸟活动逐渐为人们所知晓，但参与活动的人还不多。随着经济的发展，人们对精神生活要求越来越高，观鸟活动一定会活跃起来。为了达到较好的观赏效果，有必要了解一些观鸟常识。

一、观鸟器具

1．望远镜　合适的望远镜是观鸟的必备器具，通过望远镜将鸟“拉近”观察，与肉眼远距离观察所看到的情形大不相同，其中的乐趣是可想而知的。望远镜的选择一般以 6～10 倍为宜，这一倍数范围内的望远镜视野宽、体积小、重量轻，便于携带，适于在行走时或在树林中观察近距离的鸟。10～20 倍的双筒望远镜能进一步将鸟“拉近”，但视野较小，手持不稳，影像容易晃动，不易操作。20～60 倍的双筒或单筒望远镜体积较大，机动性能较差，使用时必须用三脚架固定，适合观察远距离且停留时间较长的鸟。

2．鸟类图谱　一本好的鸟类图谱可以帮助你根据鸟类的形体特征和分布情况很快分辨出观察到的鸟类。目前，国内出版的比较好的鸟类图谱有《中国鸟类野外手册》和《中国鸟类图鉴》（便携版）等。

3．笔和笔记本　这是观鸟不可缺少的物品。将每次观测鸟类的地点、时间、种类及数量记录下来，尤其将一些暂时无法辨认的鸟类的主要特征记录下来，便于以后对照确认，这样观鸟水平才能不断提高。

二、观鸟技巧

1. 根据鸣声识别鸟类　不同的鸟鸣叫声不同。由于鸟的体形一般较小，而且大多藏身于隐蔽之处，在野外不容易一眼就看见，但是鸟的鸣叫声却传得较远。因此，在野外观鸟，往往先听到鸟的叫声，再循声寻鸟。有经验的观鸟者可以根据鸟的鸣叫声来识别。聆听鸟的鸣叫，也是野外观鸟的一项内容和一种乐趣。

2. 根据时间观鸟　鸟的活动很有规律。一天之中，鸟类在日出后 2 小时和日落前 2 小时比较活跃。在这段时间鸟儿喜欢鸣叫，容易被发现。在一年中，如果想在湖南省看到更多种类的鸟，一般要选择夏末秋初或冬末春初。夏末秋初不仅能看到留鸟，还能看到许多夏候鸟；而冬末春初，除看到留鸟外，还能看到许多冬候鸟和旅鸟等。

3. 根据环境观鸟　不同的鸟有不同的生活环境，所以野外观鸟也要选择不同的环境。观察山雀、卷尾、伯劳等鸟类时，要选择村庄附近有乔木、农田、果园的环境；观察画眉等鸟类，要选择灌木成片的环境；观察百灵、云雀等，就要到荒草地去；观察鹭类、野鸭类和涉禽等就要到湖里去。

三 、野外观鸟原则

（1）观鸟以观察自然界的野生鸟为主。

（2）观鸟时，切记只可远视，不可近观；不要大声喧哗，不穿戴颜色鲜亮的衣帽；对鸟拍照时，不可使用闪光灯；不过分追逐野生鸟类，以免惊吓鸟类。

（3）发现鸟类的栖息地、育雏地时，谨记不干扰原则。尊重鸟的生存权，不要采集鸟蛋，更不要捕捉野鸟。

（4）不可为了便于观察随意攀折花木，破坏环境及野鸟栖息地。

（5）要结伴而行，注意安全。

鸟类外部形态图

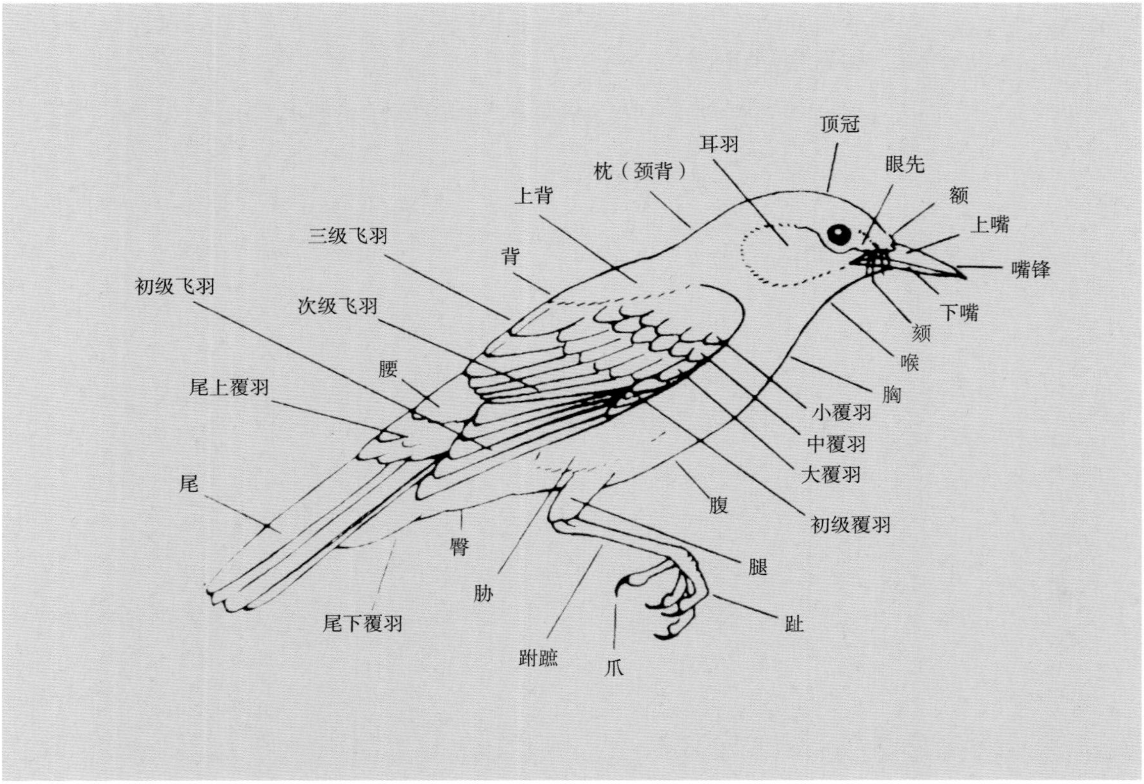

图 1 鸟类解剖与羽毛图

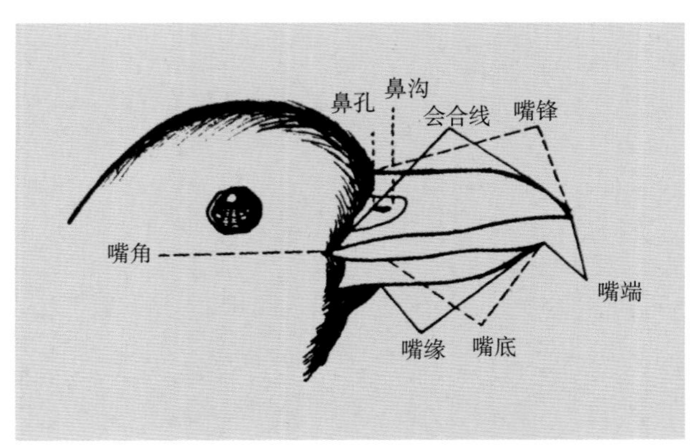

图2 鸟嘴示意图

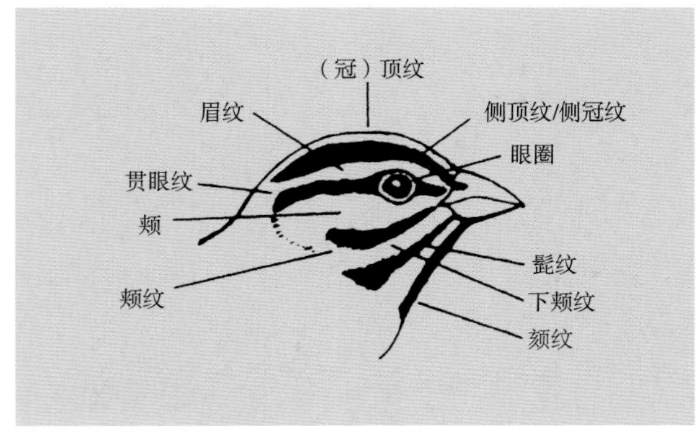

图3 鸟类头部斑纹示意图

鸟类常用术语

学名：以拉丁文的字词构成，为国际通行的学术名称（通常用斜体）。

种：生物分类的基本单位。

留鸟：终年栖息于一个地方，不随季节变换而迁徙但有时有短距离游荡的鸟。

冬候鸟：仅在冬季居留的候鸟，在该地称为冬候鸟。

夏候鸟：春夏季居留并繁殖的候鸟，在该地称为夏候鸟。

旅鸟：候鸟在迁徙途中，在某地区经过或短暂停留的鸟。

迷鸟：因受气候等非人为因素影响，意外迷失方向来到某地区的鸟。

雏鸟：孵出后至羽毛长成时的鸟。

幼鸟：稚羽已换成正常体羽，羽翼初丰可飞行的鸟。

亚成鸟：已经与成鸟同样大，但未达到性成熟的鸟。

成鸟：已达成鸟羽色，具有繁殖能力的鸟。

早成鸟：雏出壳后全身覆盖绒羽，眼睁开，有视、听觉和避敌反应，有一定的维持恒温能力，能站立和行走并随亲鸟自行取食的鸟，又称离巢鸟。

晚成鸟：雏出壳后体裸无羽或仅有稀疏羽毛，眼未睁，仅有最简单的求食反应，不能站立，要亲鸟保温送食一个时期后才能离巢的鸟，又称留巢鸟。

繁殖羽：即夏羽，是成鸟繁殖期为了求偶功能产生的亮丽羽色。

非繁殖羽：即冬羽，是成鸟繁殖期后，换成色彩不显眼的较暗羽色。

饰羽：鸟类主要用于求偶炫耀的羽毛，有的终生保留，有的短时间保留。

冠羽：头部突出的羽毛，有些鸟特别长，有些鸟比较短，不竖起来难以分辨。

冠：鸡形目的鸟头上生长的没有羽毛的皮肤，雄性的通常大于雌性。

游禽：喜欢在水上生活，脚向后伸，趾间有蹼，有扁阔的或尖的嘴，善于游泳、潜水和在水中掏取食物，大多数不善于在陆地上行走，但飞翔很快。如豆雁、绿翅鸭、小天鹅等。

涉禽：适应在水边生活的鸟类。休息时常一只脚站立，大部分从水底、污泥中或地面获得食物。如白鹤、白鹭、青脚鹬等。

陆禽：嘴一般较短，脚短而强健，3 趾在前，1 趾向后，后趾可与前趾对握，适合于在树上栖息，一般不善飞行。如环颈雉、山斑鸠等。

猛禽：嘴强大呈钩状，翼大善飞，脚强而有力，趾有锐利勾爪，性情凶猛，捕食其他鸟类、鼠、兔、蛇和食动物腐尸等。主要包括隼形目和鸮形目的鸟。如红隼、草鸮等。

攀禽：脚短而强健，为对趾足、异趾足或并趾足，适应于在树上攀爬。如大斑啄木鸟、普通夜鹰等。

鸣禽：善于鸣叫，由鸣管控制发音。大多数属小型鸟类，嘴小而强，脚较短而强。多数种类营树栖生活，少数种类为地栖生活。如小云雀、大山雀等。

夜行性：主要指夜间活动，普通夜鹰、猫头鹰一类鸟中，多有夜行性。

繁殖期：配对的两只鸟，筑巢后，产卵、孵化、照料雏鸟到其能独立生活，此段时间称之为繁殖期。

栖息地：鸟类繁殖和栖息的场所。

01 鸡形目

GALLIFORMES

多为陆禽。嘴较短健，上嘴稍曲，且略长于下嘴，适于啄食。雌雄异色，雄鸟羽毛较艳丽。尾脂腺发达并多为羽毛所覆盖。嗉囊较大，砂囊肌肉发达强而有力。大多陆栖，少部分树栖。多生活在森林、草地和灌木丛中。善奔跑，不善长途飞行。食物主要为植物芽、叶、种子、果实和昆虫。营巢于地面。雏鸟早成性，多为留鸟。中国有 1 科 64 种，本书收录湖南省该目鸟类 1 科 10 种。

雉 科

ān chún
鹌 鹑

拉丁学名 *Coturnix japonica*

英 文 名 Japanese Quail

别　　名 日本鹌鹑

陆禽，体长 14 ~ 20cm，体重 55 ~ 109g。雄鸟冬季头顶至后颈栗黄色杂以白色条纹，羽缘较宽。背面大都黑褐色，杂有浅黄色羽干纹。翅长而尖，尾短。颏、喉白色，前颈和上胸之间有一浅栗黄色圈，下胸以下灰白色。栖息于干旱平原草地、低山丘陵、山脚平原和疏林空地等处。以植物幼芽、嫩枝、嫩叶、果实、种子等为食，也吃昆虫等动物。营巢于草地坑中或芦苇堆与草堆下。

在湖南省为旅鸟。种群数量稀少。全省各地有分布，偶见。

雄　冬羽

雄　冬羽

huī xiōng zhú jī
灰胸竹鸡

拉丁学名 *Bambusicola thoracicus*

英 文 名 Chinese Bamboo Partridge

别　　名 竹鹧鸪、泥滑滑、山菌子

陆禽，体长22~37cm，体重200~342g。眉纹灰色，上体橄榄棕褐色，背具栗斑和白斑。下体前部栗棕色，后部棕黄色，胸具半环状灰带，两胁具黑褐色斑。栖息于低山丘陵和山脚平原地带的竹林、灌丛和草丛中。杂食性，主要以植物种子为食，也吃昆虫和其他无脊椎动物。营巢于灌丛、草丛或竹丛下地面低处。雏鸟早成性。

在湖南省为留鸟。种群数量较丰富。全省各地均有分布，较常见。

hóng fù jiǎo zhì

红腹角雉

— 拉丁学名 *Tragopan Ternminckii*

— 英 文 名 Temminck's Tragopan

— 别　　名 岩角鸡、秀鸡

雌

雄

陆禽，体长 44 ~ 66cm，体重 930 ~ 1800g。雄鸟头和羽冠黑色，羽冠两侧肉质角、脸和颊裸出部为蓝色。体羽及两翅主要为深栗红色，满布具黑缘的灰色眼状斑。下体灰斑大而色浅。雌鸟上体灰褐色，下体淡黄色，杂以黑、棕、白斑。栖息于海拔 1000 ~ 3500m 的沟谷、山涧及较潮湿的悬崖下的原始森林中。主要以乔木、灌木、竹以及草本植物和蕨类植物的嫩叶、幼芽、嫩枝、花絮、果实和种子为食。营巢于林中树上，巢距地高 0.5 ~ 8m。雏鸟早成性。

在湖南省为留鸟。种群数量非常稀少。湘西山地有分布，偶见。国家二级保护鸟类。

huáng fù jiǎo zhì

黄腹角雉

拉丁学名 *Tragopan caboti*

英 文 名 Cabot's Tragopan

别　　名 角鸡、吐绶鸟

陆禽，体长 60 ~ 70cm，体重 860 ~ 1400g。雄鸟上体栗褐色，满布具黑缘的淡黄色圆斑。头顶黑色，具黑色与栗红色羽冠。飞羽黑褐带棕黄斑。雌鸟通体大都棕褐色，密布黑、棕黄及白色细纹，上体散有黑斑，下体多有白斑。主要栖息于海拔 800 ~ 1400m 的亚热带山地常绿阔叶林和针叶阔叶混交林中。以植物的茎、叶、花、果实和种子为食，也吃昆虫如白蚁和毛虫等少量动物性食物。营巢于粗大树干的凹窝处或水平枝杈基部。雏鸟早成性。

在湖南省为留鸟。种群数量非常稀少。湘南山地有分布，偶见。国家一级保护鸟类。

雌

雄

shǎo jī

勺 鸡

— 拉丁学名 *Pucrasia macrolopha*

— 英 文 名 Koklass Pheasant

— 别 名 柳叶鸡、刁鸡

陆禽，体长 40 ~ 63cm，体重 760 ~ 1184g。雄鸟头部呈金属暗绿色，具棕褐色和黑色的长冠羽。颈部两侧各有一白色斑。体羽呈现灰色和黑色纵纹。下体中央至下腹深栗色。尾为楔形，中央尾羽特长。雌鸟体羽以棕褐色为主，头顶亦具羽冠，但较雄鸟为短。耳羽后下方具淡棕白色斑。下体大都淡栗黄色，具棕白色羽干纹。栖息于海拔 1000 ~ 4000m 的针阔混交林、密生灌丛的多岩坡地和山脚灌丛。以植物嫩芽、嫩叶、花、根、果实及种子为食。一雄一雌制。营巢于阔叶林和针阔叶混交林中的树干基部旁边、枯树堆的草丛或灌丛中。雏鸟早成性。

在湖南省为留鸟。种群数量非常稀少。全省山地均有分布，偶见。国家二级保护鸟类。

雄

雌

bái xián
白 鹇

- 拉丁学名 *Lophura nycthemera*
- 英 文 名 Silver Pheasant
- 别 名 银鸡、银雉、白雉

陆禽，体长 70 ~ 115cm，体重 1150 ~ 2000g。雄鸟头上羽冠及下体蓝黑色。脸裸露，赤红色。上体和两翅白色，自后颈或上背起密布近似“V”字形的黑纹。尾甚长，白色。雌鸟上体棕褐色或橄榄褐色。羽冠褐色，先端黑褐色。脸裸出部小，赤红色。下体为棕褐或橄榄褐色，胸以后微缀黑色虫蠹状斑，尾下覆羽黑褐色而具白斑。虹膜橙黄色或红褐色，嘴角绿色，脚红色。主要栖息于海拔 2000m 以下的亚热带常绿阔叶林中。白鹇为杂食性，主要以植物的嫩叶、幼芽、花、茎、浆果、种子为食，也吃金针虫、鳞翅目昆虫和蚂蚁等动物性食物。营巢于林下灌丛间地面凹处或草丛中。雏鸟早成性。

在湖南省为留鸟。种群数量非常稀少。全省山地均有分布，偶见。国家二级保护鸟类。

雌

雄

bái jǐng cháng wěi zhì

白颈长尾雉

— 拉丁学名 *Syrmaticus ellioti*

— 英 文 名 Elliot's Pheasant

陆禽，体长 81cm。雄鸟头灰褐色，颈白色，脸鲜红色，其上后缘有一显著白纹，上背、胸和两翅栗色，上背和翅上均具 1 条宽阔的白色带，极为醒目；下背和腰黑色而具白斑；腹白色，尾灰色而具宽阔栗斑。雌鸟体羽大都棕褐色，上体满杂以黑色斑，背具白色矢状斑；喉和前颈黑色，腹棕白色，外侧尾羽大都栗色。主要栖息于海拔 1000m 以下的低山丘陵地区的阔叶林、混交林、针叶林、竹林和林缘灌丛地带。杂食性，主要以植物叶、茎、芽、花、果实、种子和农作物等植物性食物为食，也吃昆虫等动物性食物。一雄多雌制。营巢于林下或林缘岩石下、草丛中、灌丛间和大树脚下。

在湖南省为留鸟。种群数量非常稀少。全省山地均有分布，偶见。国家一级保护鸟类。

雄

雌

bái guàn cháng wěi zhì

白冠长尾雉

拉丁学名 *Syrmaticus reevesii*

英 文 名 Reeves's Pheasant

别　　名 翟鸟、地鸡、长尾鸡

陆禽，体长 70 ~ 200cm，体重 700 ~ 1736g。雄鸟头顶、颏、喉和颈白色，眼下有大块白斑。额、眼先、眼区、颊、耳区及后头等均黑色。上体大都金黄色，下体深栗色而杂以白色。尾特长，具黑栗二色并列的横斑。雌鸟头顶及后颈大部暗栗褐色，各羽中央黑色。额、眉、头侧、颏、喉以及围绕颈部的一圈淡棕黄色。胸浅栗色。腹淡皮黄色或棕白色。尾下覆羽棕黄色，微具浅栗色横斑和细纹。主要栖息在海拔 400 ~ 1500m 的山地森林中，尤为喜欢地形复杂、地势起伏不平、多沟谷悬崖、峭壁陡坡和林木茂密的山地阔叶林或混交林。以植物果实、种子、幼芽、嫩叶、花、块茎、块根和农作物幼苗和谷粒为食。营巢于林下或林缘灌丛和草中地上。

在湖南省为留鸟。种群数量非常稀少。全省山地均有分布，偶见。国家二级保护鸟类。

雄

雌

huán jǐng zhì

环颈雉

— 拉丁学名 *Phasianus colchicus*

— 英 文 名 Common Pheasant

— 别　　名 山鸡、野鸡

陆禽，体长58~90cm，体重880~1650g。雄鸟羽色华丽，颈大都呈金属绿色，具有或不具有白色颈圈；脸部裸露，红色。头顶两侧各有一束能耸起、羽端呈方形的耳羽簇；下背和腰多为蓝灰色，羽毛边缘披散如毛发状。雌鸟羽色暗淡，大都为褐色和棕黄色，杂以黑斑。栖息于低山丘陵、农田、地边、沼泽、草地等处，善于奔跑。杂食性，所吃食物随地区和季节而不同。一雄多雌制。营巢于草丛、芦苇丛或灌丛中地上等。雏鸟早成性。

在湖南省为留鸟。种群数量较丰富。全省各地均有分布，较常见。

雌

雄，颈具白圈

雄，颈不具白圈

拉丁学名 *Chrysolophus pictus*
英 文 名 Golden Pheasant
别　　名 金鸡、采鸡

hóng fù jǐn jī
红腹锦鸡

雌

雄

陆禽，体长 59 ~ 110cm，体重 550 ~ 750g。雄鸟羽色华丽，头具金黄色丝状羽冠。上体除上背浓绿色外，其余为金黄色。后颈被有橙棕色而缀有黑边的扇状羽，形成披肩状。下体深红色。尾羽黑褐色，满缀以桂黄色斑点。雌鸟头顶和后颈黑褐色，其余体羽棕黄色，满缀以黑褐色虫蠹状斑和横斑。栖息于海拔 500 ~ 2500m 的阔叶林、针阔叶混交林和林缘疏林灌丛地带。主要以野豌豆、野樱桃、青蒿等植物的叶、芽、花、果实和种子为食，也吃甲虫、蠕虫、双翅目和鳞翅目昆虫等动物性食物。一雄多雌制。巢简陋，仅为一椭圆形浅土坑。

在湖南省为留鸟。种群数量非常稀少。全省山地均有分布，偶见。国家二级保护鸟类。

车便湖春情

02 雁形目

ANSERIFORMES

中至大型游禽。头较大，有的头上具羽冠。嘴多上下扁平，少数种类侧扁，尖端具角质嘴甲。颈较细长。眼先裸露或被羽。翅多狭长而尖。尾多较短。栖息于江河、湖泊、水塘等各类水域中。多善游泳，常成群活动。食性多为杂食性。营巢于沼泽、水边芦苇丛和水草丛中。一雄一雌制。雏鸟早成性。中国有 1 科 54 种，本书收录湖南省该目鸟类 1 科 33 种。

鸭科

hóng yàn
鸿雁

— 拉丁学名 *Anser cygnoides*

— 英 文 名 Swan Goose

游禽，体长 80 ~ 93cm，体重 2800 ~ 5000g。嘴黑色，头顶至后颈暗棕褐色，前颈近白色，体色浅灰褐色。栖息于大的湖泊、水库、河口及其附近草地和农田等地。以各种草本植物的叶、芽为食，也食少量甲壳类和软体动物。巢多筑在草原湖泊岸边沼泽地上或芦苇丛中。鸿雁是家鹅的祖先。

在湖南省属冬候鸟。种群数量急剧下降，现已比较稀少。仅分布于洞庭湖及周边湖泊，偶见。

— 拉丁学名 *Anser fabalis*
— 英 文 名 Bean Goose
— 别　　名 大雁、麦鹅

dòu yàn
豆 雁

游禽，体长 69 ~ 80cm，体重 2200 ~ 4100g。嘴黑褐色具橘黄色带斑。上体灰褐色或棕褐色，下体污白色。冬季主要栖息于开阔平原、草地、沼泽、水库、江河、湖泊及附近农田地区。性喜结群。以植物性食物为食，吃植物果实、种子，也吃少量软体动物。营巢在多湖泊的苔原沼泽地和河中或湖心岛屿上。

在湖南省为冬候鸟。种群数量较丰富。主要分布于洞庭湖及周边湖泊，易见。

huī yàn
灰 雁

拉丁学名 *Anser anser*

英 文 名 Greylag Goose

游禽，体长 70 ~ 90cm，体重 2500 ~ 4000g。嘴、脚肉色，上体灰褐色，下体污白色。栖息在富有芦苇和水草的湖泊、水库、河口、水淹平原、湿草原、沼泽和草地。成群活动。食物主要为各种水生和陆生植物的叶、根、茎、果实、种子等，也食螺、虾、昆虫等。营巢于人迹罕至的水边草丛或芦苇丛。

在湖南省为冬候鸟。种群数量急剧减少，数量较少。主要分布于洞庭湖及周边湖泊，少见。

bái é yàn

白额雁

拉丁学名 *Anser albifrons*

英文名 Greater White-fronted Goose

别 名 弱雁

游禽，体长 64 ~ 80cm，体重 2100 ~ 3500g。上体大多灰褐色，从上嘴基部至额有一宽阔白斑，下体白色，杂有黑色块斑。冬季主要栖息在开阔的湖泊、水库、河流及其附近开阔的平原、草地、沼泽和农田等地。以水边植物如芦苇、三棱草以及其他植物的嫩芽、根和茎为食。营巢在河流与湖泊密布且有小灌木生长的苔原地带。

在湖南省属冬候鸟。种群数量逐渐在减少，数量较丰。仅分布于东洞庭湖及周边湖泊，易见。国家二级保护鸟类。

xiǎo bái é yàn

小白额雁

— 拉丁学名 *Anser erythropus*

— 英文名 Lesser white – fronted Goose

游禽，体长56～60cm，体重1440～1750g。体形较白额雁小，体色较深，嘴、脚较白额雁短；而额部白斑却较白额雁大，一直延伸到两眼之间的头顶部，眼周金黄色。栖息于开阔的湖泊、江河、水库、草原和半干旱草原地区。通常成群活动，晚上多在水中栖息过夜。以各种草本植物、谷物、种子为食。营巢在紧靠水边的苔原上或低矮的灌木下，巢极简陋。

在湖南省为冬候鸟。种群数量丰富。仅分布于东洞庭湖及周边湖泊，易见。

拉丁学名 *Anser indicus*
英 文 名 Bar–headed Goose
别　　名 白头雁、黑纹头雁

bān tóu yàn
斑头雁

游禽，体长 62～85cm，体重 1700～3000g。通体灰褐色，头和颈侧白色，头顶有两道黑色带斑。越冬栖息在低地湖泊、河流和沼泽地。性喜结群。以禾本科和莎草科植物的叶、茎，豆科植物的种子等为食，也吃贝类、软体动物。营巢在人迹罕至的湖边或湖心岛上，常呈密集的群巢。

在湖南省为冬候鸟。种群数量极为稀少。在东、西洞庭湖偶见。

hóng xiōng hēi yàn

红胸黑雁

— 拉丁学名 *Branta ruficollis*

— 英 文 名 Red–breasted Goose

游禽，体长 53 ~ 56cm，体重 1200 ~ 1600g。胸和颈侧栗红色，外围以白边，其余体色主要为黑色。栖息于生有耐碱植物的湖泊中。主要以青草或水生植物的嫩芽、叶、茎为食。营巢于陡的河岸、富有草和灌丛的溪流、峡谷等开阔的、地势较高的干燥地方。

在湖南省为冬候鸟。种群数量非常稀少。仅在东洞庭湖见过一次。国家二级保护鸟类。

拉丁学名 *Cygnus columbianus*
英 文 名 Tundra Swan

xiǎo tiān é
小天鹅

游禽，体长 110 ~ 135cm，体重 4000 ~ 7000g。全身洁白，嘴端黑色，嘴基黄色，嘴上黑斑大，黄斑小，基部黄斑不伸于鼻孔之下。冬季主要栖息在多芦苇、蒲草和其他水生植物的大型湖泊、水库、水塘、河流和开阔的农田地带。性喜结群。以水生植物的叶、茎、根和种子为食，也吃少量动物性食物。营巢在大小湖泊和水塘之间的多草苔原地和苔原沼泽中的小土丘上。

在湖南省为冬候鸟。种群数量较丰富。湘中以北大型湖泊均有分布，易见。国家二级保护鸟类。

dà tiān é

大天鹅

— 拉丁学名 *Cygnus Cygnus*

— 英 文 名 Whooper Swan

— 别　　名 咳声天鹅、白鹅

游禽，体长 120 ~ 160cm，体重 7000 ~ 12000g。全身洁白。嘴端黑色，嘴基黄色，且嘴基黄斑大，并从嘴基沿嘴两侧向前延伸到鼻孔之下。冬季主要栖息在多草的大型湖泊、水库、水塘、河流和开阔的农田地带。性喜结群，善游泳。以水生植物的叶、茎、根和种子为食，也吃少量动物性食物。营巢在大的湖泊、水塘和小岛等岸边干燥地上或干芦苇上。

在湖南省为冬候鸟。种群数量稀少。仅分布于洞庭湖及周边湖泊，少见。国家二级保护鸟类。

qiào bí má yā

翘鼻麻鸭

拉丁学名 *Tadorna tadorna*

英文名 Common Shelduck

游禽，体长 52 ~ 63cm，体重 500 ~ 1750g。雄鸟头、颈、两翼黑色而泛绿色光泽，前额具一隆起的红色肉瘤，上背至胸具一条宽阔的栗色环带，下腹具一条宽的黑褐色条纹，其余体羽白色。雌鸟同雄鸟但喙基无皮质肉瘤，前额有时具一白色小斑点。喙及脚均为红色。冬季栖息于淡水湖泊、水库、河口等地。喜成群生活。以水生昆虫、水蛭、蜥蜴、蝗虫、小鱼等为食，也吃植物的叶子、嫩芽和种子等。营巢于湖边沙丘或石壁间。

在湖南省属冬候鸟。种群数量稀少。主要分布于洞庭湖及周边湖泊，偶见。

雌

雄

— 拉丁学名 *Tadorna ferruginea*
— 英 文 名 Ruddy Shelduck
— 别　　名 黄鸭、黄凫

chì má yā

赤麻鸭

雌

游禽，体长 51 ~ 68cm，体重 1000 ~ 1656g。全身赤黄褐色；嘴、脚、尾黑色；雄鸟颈部有一黑色颈环。栖息于江河、湖泊、河口、水塘及附近的草原、沼泽、农田和平原疏林等地。以水生植物叶、芽、种子和农作物幼苗等为食，也吃昆虫、甲壳动物、软体动物等。营巢于开阔平原草地上的天然洞穴或其他动物废弃洞穴中。

在湖南省为冬候鸟。种群数量稀少。湘中以北大型湖泊均有分布，偶见。

雄

yuān yāng

鸳 鸯

— 拉丁学名 *Aix galericulata*

— 英 文 名 Mandarin Duck

— 别　　名 官鸭

游禽，体长 38 ~ 45cm，体重 430 ~ 590g。雄鸟嘴红色，脚橙黄色，羽色鲜艳而华丽，头具艳丽的羽冠，眼后有宽阔的白色眉纹，翅上有一对栗黄色扇状直立羽。雌鸟嘴黑色，脚橙黄色，头和整个上体灰褐色，眼周白色，其后连一细的白色眉纹。冬季多栖息于大的开阔湖泊、江河和沼泽地带。杂食性。以青草、草叶、草根、草子、苔藓等植物性食物为食，也吃石蝇、螽斯、蝗虫、蚊子、甲虫、蜘蛛等。营巢于紧靠水边老龄树的天然树洞中，距地高 10 ~ 18m。

在湖南省属旅鸟。种群数量非常稀少。主要分布于洞庭湖及周边湖泊，偶见。国家二级保护鸟类。

雌

雄

mián fú

棉 凫

— 拉丁学名 *nettapus coromandelianus*

— 英 文 名 Asian Pygmy Goose

游禽，体长 30~33cm，体重 190~312g。雄鸭前额多为白色，额的余部及头顶黑褐色，其余头、颈和下体白色。上体黑褐色而具绿色金属光泽，颈基部具一宽阔黑色而闪金属绿色的颈环。雌鸟额至头顶暗褐色，两颊及其额污白色，具灰褐色波浪形斑纹。腹以下白色，两胁灰褐色。栖息于富有水生植物的开阔水域。主要以水生植物和陆生植物的嫩芽、嫩叶、根和稻谷为食。营巢于房前樟树洞和池边柳树洞中。

在湖南省为夏候鸟。种群数量非常稀少。仅分布于洞庭湖及周边湖泊，偶见。

雌

雄

拉丁学名 *mareca strepera*

英 文 名 Gadwall

chì bǎng yā

赤膀鸭

雌

雄

游禽，体长 44～55cm，体重 700～1000g。雄鸟嘴黑色，脚橙黄色。上体暗褐色，背上部具白色波状细纹，腹白色，胸暗褐色而具新月形白斑，翅具宽阔的棕栗色横带和黑白两色翼斑。雌鸟嘴橙黄色，嘴峰黑色。上体暗褐黑而具白色斑纹。栖息于富有水生植物的开阔水域。主要以水生植物为食。营巢于水边草丛或灌木丛中。

在湖南省为冬候鸟。种群数量较少。主要分布于洞庭湖及周边湖泊，少见。

luó wén yā

罗纹鸭

拉丁学名 *Mareca falcata*

英文名 Falcated Duck

游禽，体长 40 ~ 52cm，体重 422 ~ 900g。雄鸟繁殖期头顶暗栗色，头侧、颈侧和颈冠铜绿色，额基有一白斑。颏、喉白色，其上有一黑色横带位于颈基处。雌鸟头顶和后颈黑褐色，满杂以浅棕色条纹。主要栖息于江河、湖泊、河口和沼泽地带。主要以水藻、水生植物等植物性食物为食，也吃软体动物、甲壳类和水生昆虫等。营巢于湖边、河边等水域附近草丛和灌木丛中地上。

在湖南省为冬候鸟。种群数量较丰富。主要分布于洞庭湖及周边湖泊，易见。

雌

雄

chì jǐng yā

赤颈鸭

— 拉丁学名　*mareca Penelope*

— 英 文 名　Eurasian Wigeon

游禽，体长 41 ~ 52cm，体重 506 ~ 900g。雄鸟头和颈棕红色，额至头顶有一乳黄色纵带。背和两胁灰白色，满杂以暗褐色波状细纹，翅上覆羽纯白色。雌鸟上体大都黑褐色，翼镜暗灰褐色，上胸棕色，其余下体白色。嘴峰蓝灰色，先端黑色。栖息于江河、湖泊、水塘、河口、沼泽等各种水域，常成群活动，善游泳和潜水。主要以植物性食物为食，也吃少量动物性食物。营巢于富有水生植物或岸边有灌木丛的小型湖泊、水塘和小河边地上草丛或灌木丛中。

在湖南省为冬候鸟。种群非常稀少。主要分布于洞庭湖及周边湖泊，偶见。

雄

雌

拉丁学名 *Anas platyrhynchos*

英 文 名 Mallard

别　　名 对鸭、大麻鸭

lǜ tóu yā
绿头鸭

游禽，体长 47 ~ 62cm，体重 1000 ~ 1300g。雄鸟嘴黄绿色，脚橙黄色，头和颈灰绿色，颈部有一明显的白色颈环。上体黑褐色，腰和尾上覆羽黑色，两对中央尾羽亦黑色，且向上卷曲成钩状；外侧尾羽白色。雌鸟褐色斑驳，有深色的贯眼纹。栖息于水生植物丰富的湖泊、水库、池塘、沼泽等水域中。喜结群。杂食性，以野生植物的叶、芽、茎、种子和水藻等植物性食物为食，也吃软体动物、甲壳类、水生昆虫等。营巢于湖泊、池塘等水域岸边草丛中或倒木下的坑里等。

在湖南省属冬候鸟。种群数量较丰富。主要分布于洞庭湖及周边湖泊，少见。

雄

雌

- 拉丁学名 *Anas Zono*rhyncha
- 英 文 名 Eastern Spot－bill Duck
- 别　　名 谷鸭、对鸭

bān zuǐ yā

斑嘴鸭

游禽，体长 50～64cm，体重 890～1250g。雌雄羽色相似。上嘴黑色，先端黄色，脚橙黄色，脸至上颈侧、眼先、眉纹、颏和喉均为淡黄白色。栖息于内陆各类大小湖泊、水库、江河、水塘、沙洲和沼泽地带。善游泳和行走。主要吃植物性食物，也吃昆虫、软体动物等。营巢于湖泊、河流等水域岸边草丛或芦苇丛中。

在湖南省为冬候鸟。也有在湖南省繁殖的。种群数量较丰富。主要分布于洞庭湖及周边湖泊，少见。

拉丁学名 *Anas acuta*

英 文 名 Northern Pintail

zhēn wěi yā

针尾鸭

游禽，体长 43～72cm，体重 545～1050g。雄鸭背部满杂以淡褐色与白色相间的波状横斑，头暗褐色，颈侧有白色纵带与下体白色相连，翼镜铜绿色，正中一对尾羽特别长。雌鸭上体大都黑褐色，杂以黄白色斑纹，无翼镜，尾较雄鸭短。栖息于河流、湖泊、沼泽和湿草地中，性喜成群。以草子和其他水植物为食，也到农田觅食散落的谷粒，繁殖期则多以水生无脊椎动物为食。营巢于湖边、河岸地上草丛中或有稀疏植物覆盖的低地上。

在湖南省为冬候鸟。种群数量较丰富。主要分布于洞庭湖及周边湖泊，易见。

雌

雄

lǜ chì yā

绿翅鸭

拉丁学名 *Anas crecca Linnaeus*

英文名 Green–winged Teal

别　名 八鸭子、小麻鸭

游禽，体长 31 ~ 47cm，体重 205 ~ 398g。嘴脚均为黑色，雄鸟头至颈部深栗色，头顶两侧从眼开始有一条宽阔的绿色带斑一直延伸至颈侧，尾下覆羽黑色，两侧各有一黄色三角形斑。雌鸟上体暗褐色，具棕色或棕白色羽缘；下体白色或棕白色，杂以褐色斑点。主要栖息于大型湖泊、江河、河口等地带。喜结群。以植物性食物为主，也吃螺、甲壳类、软体动物等。营巢于湖泊、河流等水域岸边或附近草丛和灌木丛中。

在湖南省为冬候鸟。种群数量丰富。湘中以北较大的湖泊均有分布，易见。

雌

雄

pí zuǐ yā

琵嘴鸭

拉丁学名 *Spatula clypeata*

英文名 Northern Shoveler

别 名 琵琶嘴鸭、铲土鸭

游禽，体长 43 ~ 51cm，体重 445 ~ 610g。雄鸭头至上颈暗绿色而具光泽，背黑色，背的两边以及外侧肩羽和胸白色，且连成一体，腹和两胁栗色，脚橙红色，嘴黑色，大而扁平，先端扩大成铲状。雌鸭略较雄鸭为小，嘴大则呈铲状。栖息于开阔的河流、湖泊、水塘、沼泽等水域中。主要以螺、软体动物、甲壳类、水生昆虫、鱼、蛙等动物性食物为食，也吃水藻、草籽等植物性食物。营巢于水域附近的地上草丛中。

在湖南省为冬候鸟。种群数量较少。主要分布于洞庭湖及周边湖泊，少见。

雌

雄

bái méi yā

白眉鸭

— 拉丁学名 *spatula querquedula*

— 英 文 名 Garganey

游禽，体长 34～41cm，体重 255～400g。雄鸭嘴黑色，头和颈淡栗色，具白色细纹；眉纹白色，宽而长，一直延伸到头后。上体棕褐色，两肩与翅为蓝灰色，肩羽延长成尖形，且呈黑白两色。胸棕黄色杂以暗褐色波状纹，两胁棕白色而缀有灰白色波浪形细斑。雌鸭上体黑褐色，下体白而带棕色；眉纹白色，不及雄鸭显著；在白色眉纹之下还有一道不甚显著的白纹，呈双眉状。栖息于开阔的湖泊、江河、沼泽、池塘和沙洲等水域。以水生植物的叶、茎、种子为食。营巢于水边或离水域不远的厚密高草丛中或地上。

在湖南省为冬候鸟。种群数量较少。主要分布于洞庭湖及周边湖泊，少见。

雄（前）雌（后）

雄

huā liǎn yā

花脸鸭

拉丁学名 *Sibironetta formosa*

英 文 名 Baikal Teal

雌

游禽，体长 37 ~ 44cm，体重 360 ~ 520g。雄鸟繁殖羽的脸部由黄、绿、黑、白等多种色彩组成花斑，胸侧和尾基两侧各有一条竖的白带。雌鸟嘴基有一白色圆点，脸侧具月牙形白色块斑。主要栖息于开阔湖泊中。喜结群。以各类水生植物的芽、嫩叶、果实和种子为食。营巢于柳丛和灌木丛及草丛中。

在湖南省为冬候鸟。种群数量稀少。仅见于洞庭湖。

雄

hóng tóu qián yā

红头潜鸭

- 拉丁学名 *Aythya ferina*
- 英 文 名 Common Pochard
- 别　　名 红头鸭

游禽，体长41~50cm，体重600~1200g。雄鸭嘴为铅黑色，头和颈栗红色。上体灰色，具黑色波状细纹。胸黑色，腹和两胁白色，尾黑色。雌鸭头、颈棕褐色，胸暗褐色，腹和两胁灰褐色，杂有浅褐色横斑，余同雄鸭。主要栖息于富有水生植物的开阔河流、湖泊中。主要以水藻，水生植物叶、茎、根和种子为食。营巢于水边芦苇丛或三棱草丛地上。

在湖南省为冬候鸟。种群数量稀少。仅分布于洞庭湖及周边湖泊，少见。

雌

雄

— 拉丁学名　*Aythya baeri*
— 英 文 名　Baer's Pochard

qīng tóu qián yā
青头潜鸭

游禽，体长 42 ~ 47cm，体重 500 ~ 730g。雄鸭头和颈黑绿色而有光泽，眼白色，嘴深灰色，尖端和嘴基黑色。上体黑褐色，胸部暗栗色，腹部白色一直延伸到两胁前面。雌鸟头和颈黑褐色，头侧、颈侧棕褐色，眼先与嘴基之间有一栗红色近似圆形斑，眼褐色或淡黄色。冬季多栖息于大的湖泊、河流中。主要以各种水草的根、茎、叶和种子为食，也吃软体动物、水生昆虫甲壳类和蛙等动物性食物。营巢于水边地上草丛或水边浅水处芦苇丛和蒲草丛中。

在湖南省为冬候鸟。种群数量非常稀少。偶见于东洞庭湖。

拉丁学名 *Aythya nyroca*

英 文 名 Ferruginous Duck

bái yǎn qián yā

白眼潜鸭

游禽，体长 33 ~ 43cm，体重 490 ~ 750g。雄鸭头、颈、胸暗栗色，颈基部有一不明显的黑褐色颈环，眼白色，上体暗褐色，上腹和尾下覆羽白色，两胁红褐色，肛区两侧黑色。雌鸟与雄鸟基本相似，但色较暗些。冬季主要栖息于大的湖泊中。主要以植物性食物为食，也吃软体动物、水生昆虫和小鱼等动物性食物。营巢于水边浅水处芦苇丛或蒲草丛中。

在湖南省为冬候鸟。种群数量非常稀少。偶见于东洞庭湖。

雌

雄

fèng tóu qián yā

凤头潜鸭

拉丁学名 *Aythya fuligula*

英 文 名 Tufted Duck

别 名 凤头鸭子

游禽，体长 34 ~ 49cm，体重 515 ~ 840g。雄鸭除腹、两胁及翼镜为白色外，全身羽毛均为黑色，头上具长形黑色羽冠，眼金黄色，嘴蓝灰色，尖端黑色。雌鸭头、颈、上体和胸黑褐色，羽冠较短，额基时有白斑，腹和两胁灰白色，且具淡褐色横斑，余同雄鸭。栖息于河流、湖泊、水塘、沼泽等开阔水域中。主要以虾、蟹、蛤、水生昆虫、小鱼、蝌蚪等动物性食物为食，也吃少量水生植物。营巢于湖边或湖心岛上草丛或灌木丛中，距水不远。

在湖南省为冬候鸟。种群数量稀少。仅分布于洞庭湖及周边湖泊，偶见。

雌

雄

bān liǎn hǎi fān yā

斑脸海番鸭

拉丁学名 *Melanitta fusca*
英文名 Velvet Scoter

游禽，体长48～61cm，体重1200～1700g。雄鸟通体黑色，眼后有一半月形白斑，红色嘴基有一黑色瘤，翼镜白色。雌鸟通体暗褐色，耳部和上嘴基部各有一圆形白斑，翼镜白色。幼鸟耳部和上嘴基部白斑不明显。冬季主要栖息在大型湖泊中。主要以鱼类、水生昆虫等动物性食物为食，也食眼子菜和其他水生植物。营巢于有低矮树木或灌木丛的草地上。

在湖南省为冬候鸟。种群数量非常稀少。东洞庭湖偶见。

cháng wěi yā

长尾鸭

拉丁学名 *Clangula hyemalis*

英 文 名 Long-tailed Duck

游禽，体长 38 ~ 58cm，体重 520 ~ 1000g。雄鸭头、颈白色，两颊各有一大型黑斑，肩羽白色，特别延长，胸黑色，腹白色，其余体羽褐色。嘴前端橙黄色，后端黑色，尾特别长。雌鸭头、颈白色，头顶黑色，两颊有黑色斑块，上体和胸黑褐色，胸以下白色。冬季多栖息于大的河流与湖泊中。主要以动物性食物为食，也吃少量植物性食物。营巢于北极苔原的水塘和湖泊岸边地上。

在湖南省为冬候鸟。种群数量非常稀少。东洞庭湖偶见。

雌

雄

què yā
鹊 鸭

拉丁学名 *Bucephala clangula*
英 文 名 Common Goldeneye

游禽，体长 32 ~ 69cm，体重 480 ~ 1000g。雄鸟头黑色，两颊近嘴处有一大型白色圆斑。上体黑色，颈、胸、腹、两胁和体侧白色。嘴黑色，眼金黄色，脚橙黄色。雌鸟嘴黑色，先端橙色，头和颈褐色，眼淡黄色，颈基有白色颈环。栖息于流速缓慢的江河、湖泊、水库、河口等水域，常成群活动。主要以昆虫及其幼虫、蠕虫、甲壳类、软体动物、小鱼、蛙等为食。营巢于水域岸边天然树洞中。

在湖南省为冬候鸟。种群非常稀少。主要分布于洞庭湖及周边湖泊，偶见。

雌

雄

bān tóu qiū shā yā

斑头秋沙鸭

拉丁学名 *Mergellus albellus*

英 文 名 Smew

别　　名 鱼鸭、小秋沙鸭

游禽，体长 34 ~ 46cm，体重 340 ~ 720g。雄鸟头、颈和下体白色，眼周和眼先黑色。头后有显著的白色羽冠，枕部为黑色。背中央黑色，两侧白色。雌鸟从额到后颈栗褐色，颈侧、颏和喉白色，腹以下白色。栖息于江河、湖泊、水库、河口、海湾和沿海沼泽地带。主要以小鱼和水生无脊椎动物为食，也吃少量植物性食物。营巢于林中河边或湖边老龄树上的天然树洞中。

在湖南省为冬候鸟。种群非常稀少。仅分布于洞庭湖，偶见。

雌

雄

pǔ tōng qiū shā yā

普通秋沙鸭

拉丁学名 *Mergus merganser*

英文名 Common Merganser

别名 鱼钻子、大锯嘴鸭子

游禽，体长 54～68cm，体重 650～1925g。雄鸟头和上颈黑褐色具绿色金属光泽，枕部有短的黑褐色冠羽。下颈、胸以及整个下体和体侧白色，背黑色，翅上有大型白斑，腰和尾灰色。雌鸟头和上颈棕褐色，上体灰色，下体白色，冠羽短，棕褐色，喉白色，具白色翼斑。雌雄鸟喙狭长直而尖端带钩，暗红色。栖息于大的江河、湖泊中。主要以鱼类等水生动物为食。营巢于紧靠水边老龄大树上的天然树洞中。

在湖南省为冬候鸟。种群数量极为稀少。湘中以北大型湖泊有分布，偶见。

雄

雌

拉丁学名 *Mergus squamatus*

英 文 名 Scaly-sided Merganser

zhōng huá qiū shā yā

中华秋沙鸭

雌

雄

游禽，体长 49～64cm，体重 800～1170g。雄鸟头、羽冠和上颈黑色，具绿色金属光泽，上背、内侧肩羽黑色，下背、腰和外侧肩羽白色，羽端具黑灰色同心横纹，形成鳞片状。两胁具黑灰色鳞状斑。雌鸟头、短的冠羽和上颈棕褐色，后颈下部、两侧及上背蓝灰色，下背、腰和尾上覆羽灰褐色，具白色横斑，两胁和胸侧有黑色鳞状斑。栖息于开阔地区大的江河、湖泊中。主要以鱼类和石蛾幼虫等水生动物为食。营巢于森林中河边老龄大树上的天然树洞中。

在湖南省为冬候鸟。种群数量稀少。湘中以北大型湖泊及水质优良的河流或山溪有分布，偶见。国家一级保护鸟类。

䴙䴘目
PODICIPEDIFORMES

湖 / 南 / 鸟 / 类 / 图 / 鉴
HUNAN NIAOLEI TUJIAN

小至中型游禽。雌雄相同。体形似鸭，嘴细直而尖，体肥胖而扁平，眼先裸露，颈较细长，翅短小，尾甚短，脚短，跗跖侧扁，四趾均具宽阔的瓣状蹼。栖息于江河、湖泊、水塘和沼泽地带。善游泳和潜水。以鱼和水生昆虫为食。营巢于水边芦苇丛和水草丛中，雏鸟早成性。中国有 1 科 5 种，本书收录湖南省该目鸟类 1 科 3 种。

䴙䴘科

xiǎo pì tī

小䴙䴘

— 拉丁学名 *Tachybaptus ruficollis*

— 英 文 名 Little Grebe

— 别　　名 王八鸭子

游禽，体长 22 ~ 31.8cm，体重 160 ~ 275g。身体短胖。夏羽头和上体黑褐色，颊、颈侧和前颈栗红色，嘴裂和眼乳黄色，极为醒目。冬羽上体灰褐色，下体白色，颊、耳羽和颈侧淡棕褐色。栖息于湖泊、池塘、沼泽地带。食物主要为各种小型鱼类，也吃虾、蝌蚪和水草等。营巢于有水生植物的湖泊和水塘岸边浅水处水草丛中。

在湖南省多为冬候鸟，但也有在湖南省繁殖的，种群数量较多。全省各地均有分布，易见。

冬羽

夏羽

拉丁学名 *Podiceps cristatus*

英 文 名 Great Crested Grebe

别　　名 浪里白、水驴子

fèng tóu pì tī

凤头鸊鷉

游禽，体长 45 ~ 48cm，体重 425 ~ 1000g。嘴长而尖，从嘴角至眼有一黑线。夏羽前额至头顶黑色，并具两束黑色冠羽，头侧经耳区到喉部有由长形饰羽形成的环状皱领，其基部棕栗色，端部黑色，其余头侧、脸和颏部白色。冬羽头顶冠羽短而不明显。栖息在开阔的湖泊、江河、水塘、水库和沼泽地带。善游泳和潜水。主要以各种鱼类为食，也吃昆虫及其幼虫、虾、甲壳类、软体动物等。营巢于距水面不远的芦苇丛和水草丛中。

在湖南省多为冬候鸟，也有在湖南省繁殖的。种群数量稀少。主要分布在洞庭湖及周边湖泊，少见。

夏羽

冬羽

— 拉丁学名　*Podiceps nigricollis*

— 英 文 名　Black necked Grebe

hēi jǐng pì tī

黑颈䴙䴘

游禽，体长 25～34cm，体重不到 500g。嘴黑色，细而尖，微向上翘。眼红色，夏羽眼后有呈扇形散开的金黄色饰羽，冬羽无眼后饰羽。栖息在内陆淡水湖泊、水塘、河流及沼泽地带。主要以昆虫及其幼虫、各种小鱼、甲壳类、软体动物等为食，也吃少量水生植物。营巢于有芦苇或三棱草等水生植物的湖泊与水塘中。

在湖南省为冬候鸟，种群数量极为稀少。仅洞庭湖有分布，罕见。

冬羽

夏羽

红鹳目
PHOENICOPTERIFORMES

大型涉禽。雌雄羽色相同。颈和脚均长，脚适于步行。栖于水边或近水地方。觅吃小鱼、虫类及其他小型动物。营巢于水边陆地上，常一起营群巢。雏鸟晚成性。中国有 1 科 1 种，本书收录湖南省该目鸟类 1 科 1 种。

红鹳科

dà hóng guàn
大红鹳

— 拉丁学名 *Phoeicopterus roseus*
— 英 文 名 Greater Flamingo
— 别　　名 火烈鸟

涉禽，体长 125 ~ 145cm，体重 1700 ~ 1900g。脚特长，粉红色。头小颈细长。嘴粗厚，在中部急剧向下弯曲，肉粉色，尖端黑色。羽毛通体白色，微沾粉红色。栖息于温带浅水海岸、海湾、海岛和咸水湖泊中，偶尔也进到淡水湖泊中。主要以小型软体动物、甲壳类等水生无脊椎动物为食，也吃浮游生物与藻类。营巢在浅的咸水湖泊和沼泽岸边泥地上。

在湖南省为迷鸟。种群数量极为稀少。仅在东洞庭湖见到一只。

鸽形目 COLUMBIFORMES

陆禽。头小，颈粗短。喙短而细，基部大都柔软并具腊膜。体羽密而柔软，以褐、灰色为主。翅长而尖。脚短健，趾间无蹼。尾脂腺裸出或退化。有的嗉囊发达。栖息于森林、平原、岩石等各类生境中。成对或成群活动。主要以植物果实与种子为食。营巢于岩穴或树枝枝杈间。多以“鸽乳”育雏。中国有 1 科 31 种，本书收录湖南省该目鸟类 1 科 5 种。

鸠鸽科

shān bān jiū

山斑鸠

— 拉丁学名 *Streptopelia orientalis*
— 英 文 名 Oriental Turtle Dove
— 别 名 金背斑鸠、斑鸠

陆禽，体长 28 ~ 36cm，体重 175 ~ 323g。上体大都灰褐色，颈基两侧具有黑白色斑。尾黑色具灰白色端斑。栖息于低山丘陵、平原山地的阔叶林、次生林、果园和农田及宅旁竹林中。吃各种植物的果实、种子、嫩叶、幼芽等，也吃鳞翅目幼虫、甲虫等昆虫。营巢于森林中树的主干枝丫上。雏鸟晚成性。

在湖南省属留鸟。种群数量较少。全省各地均有分布，少见。

— 拉丁学名 *Streptopelia decaocto*

— 英 文 名 Eurasian Collared Dove

huī bān jiū

灰斑鸠

陆禽，体长 25 ~ 34cm，体重 150 ~ 200g。上体淡葡萄灰色，后颈具一半月形黑环带，下体淡鸽灰色，胸缀有粉红色，尾长，黑色，具宽的白色端斑。嘴黑色，脚红色，爪黑色。栖息于低山丘陵、平原和山地阔叶林、次生林、果园和农田及宅旁竹林中。吃各种植物的果实、种子、嫩叶、幼芽等，也吃农作物和鳞翅目幼虫、甲虫等昆虫。营巢于森林中树上。

在湖南省属留鸟。种群数量非常稀少。湘北有分布，偶见。

huǒ bān jiū

火斑鸠

拉丁学名 *Streptopelia tranquebarica*

英文名 Red Turtle Dove

陆禽，体长 20~23cm，体重 82~135g。嘴黑色，脚褐红色。雄鸟头和颈蓝灰色，后颈有黑色颈环，背、胸和上腹紫葡萄红色，飞羽黑色，外侧尾羽黑色，末端白色。雌鸟上体灰褐色，下体较淡，后颈黑色领环外具白边。栖息于开阔的平原、田野、村庄、果园和山麓疏林及宅旁竹林地带。常成对或成小群活动。以植物浆果和果实为食，也吃白蚁、蛹和昆虫等动物性食物。营巢于低山或山脚丛林和疏林中的乔木上。

在湖南省为留鸟。种群数量稀少。主要分布于洞庭湖及周边地区，少见。

雌

雄

拉丁学名　*Streptopelia chinensis*

英 文 名　Spotted Dove

别　　名　珍珠鸠、斑鸠

珠颈斑鸠

陆禽，体长 27 ~ 34cm，体重 120 ~ 205g。头为鸽灰色，上体大都褐色，下体粉红色，后颈有宽阔的黑色，其上满布以白色细小斑点形成的颈斑。尾甚长，外侧尾羽黑褐色，末端白色。嘴暗褐色，脚红色。虹膜暗褐色。栖息于有稀疏树木生长的平原、草地、低山丘陵和农田地带。常成小群活动。以植物种子为食，也吃蝇蛆、蜗牛、昆虫等动物性食物。通常营巢于小树枝杈上或在矮树丛和灌丛间。

在湖南省为留鸟。种群数量丰富。全省各地均有分布，常见。

— 拉丁学名 *Treron sieboldii*

— 英 文 名 Winged-bellied Green Pigeon

hóng chì lǜ jiū

红翅绿鸠

雌

雄

陆禽，体长 21 ~ 33cm，体重 200 ~ 340g。前额和眼先为亮橄榄黄色，头顶橄榄色，微缀橙棕色。头侧和后颈为灰黄绿色，颈部较灰，常形成一个带状斑。其余上体和翅膀的内侧为橄榄绿色。雌鸟的羽色与雄鸟相似，但颏部、喉部为淡黄绿色。栖息于海拔 2000 米以下的山地针叶林和针阔叶混交林中，有时也见于林缘耕地。主要以山樱桃、草莓等浆果为食，也吃其他植物的果实与种子。营巢于山沟或河谷边树上和灌木上。

在湖南省为留鸟。种群数量非常稀少。主要分布于壶瓶山及周边山区，罕见。国家二级保护鸟类。

06 夜鹰目

CAPRIMULGIFORMES

攀禽。头大而较扁平。嘴短而弱，基部宽阔，口角处有粗长的嘴须或无嘴须而眼先羽毛退化成须状。翅多狭长。眼形特大。体羽柔软，色呈斑杂状。雌雄无甚差别。主要栖息于森林中。夜行性。主要以昆虫为食。营巢于森林中树上或地上。雏鸟晚成性。中国有 4 科 22 种，本书收录湖南省该目鸟类 2 科 4 种。

（一）夜鹰科

pǔ tōng yè yīng
普通夜鹰

— 拉丁学名 *Caprimulgus indicus*

— 英 文 名 Grey Nightjar

攀禽，体长 26 ~ 28cm，体重 79 ~ 110g。雄鸟上体灰褐色，杂以黑褐色和灰白色虫蠹斑。颏、喉黑褐色，下喉具一大型白斑，胸灰白色，密杂以黑褐色和灰白色虫蠹斑和横斑，腹和两胁棕黄色，密杂以黑褐色横斑。外侧尾羽具白色块斑。雌鸟似雄鸟，但白色块斑呈皮黄色。栖息于阔叶林、针阔混交林、林缘疏林、农田地区竹林和丛林中。主要以昆虫为食。营巢于林中树下或灌木旁边地上。

在湖南省为夏候鸟。种群数量非常稀少。全省各地均有分布，偶见。

— 雌

— 雄

（二）雨燕科

bái hóu zhēn wěi yǔ yàn
白喉针尾雨燕

— 拉丁学名 *Hirundapus caudacutus*

— 英 文 名 White-throated Needletail

攀禽，体长 19~21cm，体重 110~150g。头顶至后颈黑褐色，具蓝绿色金属光泽。背、肩、腰丝光褐色，尾上覆羽和尾羽黑色，具蓝绿色金属光泽，尾羽羽轴末端延长呈针状。翼覆羽和飞羽黑色，具紫蓝色和绿色金属光泽。主要栖息于山地森林、河谷等开阔地带。主要以双翅目、蚂蚁、鞘翅目等飞行性昆虫为食。捕食在空中，边飞边捕食，有时也近地面或水面低空飞行捕食。营巢于悬岩石缝和树洞中。

在湖南省为旅鸟。种群数量稀少。湘西北山地有分布，偶见。

bái yāo yǔ yàn

白腰雨燕

— 拉丁学名 *Apus pacificus*

— 英 文 名 Fork-tailed Swift

攀禽，体长 17～20cm，体重 35～51g。通体黑褐色，喉和腰白色。两翅狭长，尾呈深叉状。栖息于靠近河流、水库等水源附近的悬崖峭壁上。主要以各种昆虫为食。营巢于临近河边的悬崖峭壁裂缝中。雏鸟晚成性。

在湖南省为留鸟。种群数量非常稀少。全省各地均有分布，偶见。

拉丁学名 *Apus nipalensis*
英 文 名 House Swift

xiǎo bái yāo yǔ yàn
小白腰雨燕

攀禽，体长 11～14cm，体重 25～31g。颏、喉、腰具白色。额、头顶、后颈和头侧灰褐色，背和尾黑褐色，微带蓝绿色光泽。尾为平尾，中间微凹。主要栖息于开阔的林区、城镇、悬岩和岩石海岛等各类生境中。成群栖息和活动。主要以膜翅目等飞行性昆虫为食。多在飞行中捕食。营巢于岩壁、洞穴和城镇建筑物上。

在湖南省为留鸟。种群数量稀少。湘南莽山等山地有分布，偶见。

剪 春

鹃形目
CUCULIFORMES

中型攀禽。体形似鸽而瘦长。上嘴基部无腊膜，先端尖而微曲，不具钩。翅稍圆，端尖。尾较长，多为圆尾。脚短弱。雌雄羽色相似。栖息于森林中。喜独居。主要以昆虫为食。自己多不营巢，通常将卵产于其他鸟巢中，由其他鸟代孵代育。雏鸟晚成性。中国有 1 科 20 种，本书收录湖南省该目鸟类 1 科 11 种。

杜鹃科

xiǎo yā juān
小鸦鹃

— 拉丁学名 *Centropus bengalensis*
— 英 文 名 Lesser Coucal
— 别　　名 小毛鸡

攀禽，体长 30 ~ 42cm，体重 85 ~ 167g，通体黑色，翅和肩膀为栗色，翼下覆羽为红褐色或栗色。虹膜深红色，嘴黑色，脚铅黑色。栖息于低山丘陵、平原地区的林缘灌丛、草丛中。以蝗虫、蝼蛄、金龟子、白蚁等昆虫为食，也吃少量植物果实与种子。营巢于竹丛、灌丛和其他植物丛中。

在湖南省为留鸟。种群数量稀少。全省各地均有分布，偶见。

国家二级保护鸟类。

拉丁学名　*Clamator coromandus*
英 文 名　Chestnut-winged Cuckoo

hóng chì fèng tóu juān
红翅凤头鹃

攀禽，体长 35～42cm，体重 67～114g。头具长的羽冠，上体黑色而具一白色领环，翅栗色。下体从颏至上胸淡红褐色，下胸和腹白色。栖息于低山丘陵和山麓平原等开阔地带的疏林和灌木林中。主要以白蚁、毛虫、甲虫等昆虫为食。不营巢，通常将卵产于画鹛、鹊鸲等鸟类的巢中。

在湖南省为夏候鸟。种群数量非常稀少。全省各地均有分布，偶见。

zào juān
噪 鹃

拉丁学名 *Eudynamys scolopaceus*
英 文 名 Common Koel

攀禽，体长 37 ~ 43cm，体重 175 ~ 242g。嘴、脚均较杜鹃粗壮。雄鸟通体黑色。雌鸟上体大致褐色而布满白色斑点，下体白色而杂以褐色横斑。栖息于山地、丘陵和山脚平原地带林木茂盛的地方。主要以榕树、芭蕉和无花果等到植物的果实、种子为食，也吃毛虫、蚱蜢、甲虫等昆虫和昆虫幼虫。自己不营巢也不孵卵，将卵产于黑领椋鸟、喜鹊和红嘴蓝鹊等鸟巢中，由这些鸟替它代孵代育。

在湖南省为夏候鸟。种群数量非常稀少。全省各地均有分布，偶见。

亚成鸟

雌

雄

拉丁学名 *Chrysococcyx maculatus*

英 文 名 Asian Emerald Cuckoo

别　　名 翠鹃、金翠鹃

cuì jīn juān 翠金鹃

攀禽，体长 15 ~ 19cm，体重 21 ~ 37g。雄鸟上体辉绿色，头至背缀有很多棕栗色，颏和喉具黑褐色横斑。雌鸟上体自背以下具棕色羽缘。虹膜淡红褐色至绯红色，眼圈绯红色，嘴亮橙黄色，尖端黑色，脚暗褐绿色。栖息于低山和山脚平原茂密的森林中，繁殖期可上到海拔近 2000m 的高山灌丛地带。主要以昆虫为食，偶尔也吃植物的果实与种子。不营巢也不孵卵，由别的鸟代孵代育。

在湖南省为夏候鸟。种群数量非常稀少。壶瓶山偶有分布，罕见。

雌

雌

wū juān
乌 鹃

— 拉丁学名 *Surniculus lugubris*
— 英 文 名 Drongo Cuckoo

攀禽，体长 23 ~ 28cm，体重 25 ~ 55g。通体黑色，尾呈浅叉状，尾下覆羽和外侧尾羽具白色横斑，在黑色的尾部极为醒目。下体黑色，微带蓝色或灰绿色。虹膜褐色或绯红色，嘴黑色，脚灰蓝色。栖息于山地、丘陵和山脚平原地带林木茂盛的地方。主要栖息于森林或平原较稀疏的林木间，在树上活动和栖息。以昆虫为食，偶尔也吃植物果实和种子。自己不营巢孵卵，通常将卵产于卷尾、燕尾、山椒鸟、白喉红臀鹎、沼泽大尾莺等鸟的巢中，由别的鸟替它孵卵和育雏。

在湖南省为夏候鸟。种群数量非常稀少。湘南山地有分布，偶见。

dà yīng juān

大鹰鹃

— 拉丁学名 *Hierococcyx sparverioides*

— 英文名 Large Hawk Cuckoo

— 别　　名 鹰鹃

攀禽，体长 35 ~ 42cm，体重 130 ~ 168g。头灰色，背褐色，颏暗灰色至近黑色，有一灰白色髭纹。喉、上胸具栗色和暗灰色纵纹，下胸和腹具暗褐色横斑。尾亦具横斑。栖息于山地森林中，亦出现于山麓平原树林地带。主要以昆虫为食。不营巢，常将卵产于钩嘴鹛、喜鹊等鸟巢中。

在湖南省为夏候鸟。种群数量稀少。全省各地均有分布，偶见。

zōng fù yīng juān

棕腹鹰鹃

拉丁学名 *Hierococcyx nisicolor*

英文名 Whistling Hawk Cuckoo

别　名 棕腹杜鹃、霍氏鹰鹃

攀禽，体长 25～33cm，体重 104～144g。头和上体石板灰色，尾淡褐色，具数道黑色横斑和红褐色端斑。喉灰白色，胸、腹棕栗色，腹以下白色。栖息于山地森林和林缘灌丛地带。主要以松毛虫、毛虫、尺蠖等为食。不营巢，通常将卵产于鹟类和鸫类等鸟巢中。

在湖南省为夏候鸟。种群数量极为稀少。仅见于南洞庭湖江渚头坑的速生杨林中。

xiǎo dù juān

小杜鹃

— 拉丁学名 *Cuculus poliocephalus*
— 英 文 名 lesser Cuckoo
— 别　　名 催归、阳雀、阴天打酒喝

攀禽，体长 24 ~ 26cm，体重 50 ~ 70g。雄鸟头、颈及上胸浅灰色。下胸及下体白色具清晰的黑色横斑，臀部沾皮黄色。尾灰，无横斑但端具白色窄边。雌鸟额、头顶至枕褐色，后颈、颈侧棕色杂以褐色，上胸两侧棕色杂以黑褐色横斑。眼圈黄色。栖息于低山丘陵、林缘地边、河谷次生林和阔叶林中，有时亦出现于路旁、村庄附近的疏林和灌木林。主要以昆虫为食，偶尔也吃植物的果实与种子。不营巢也不孵卵，而将卵产于短翅树莺、画鹛科等雀形目鸟类巢中，由这些鸟替它代孵代育。

在湖南省为夏候鸟。种群数量非常稀少。全省各地均有分布，罕见。

sì shēng dù juān

四声杜鹃

拉丁学名 *Cuculus micropterus*

英 文 名 Indian Cuckoo

别　　名 光棍儿好苦

攀禽，体长 31 ~ 34cm，体重 100 ~ 146g。头、颈烟灰色，上体浓褐色，翅形尖长，翅缘白色。尾较长，尾羽具白色斑点和宽阔的近端黑斑。下体具粗的横斑。虹膜暗褐色。叫声似“花—花—包—谷”，为四声一度。栖息于山地森林和山麓平原地带的森林中，亦出现于农田地边树上。以松毛虫、毛虫、尺蠖等昆虫为食。不营巢，通常产卵于鹟类等鸟类的巢中。

在湖南省为夏候鸟。种群数量较丰富。全省各地均有分布，少见。

雌

雄

拉丁学名 *Cuculus saturatus*

英 文 名 Himalayan Cuckoo

zhōng dù juān

中 杜 鹃

攀禽，体长 25～34cm，体重 71～129g。上体为石板褐灰色，喉和上胸灰色，下胸及腹白色，满布宽的黑褐色横斑。尾无近端黑斑，叫声为“嘣—嘣—”的双音节声。栖息于山地针叶林、针阔混交林和阔叶林等茂密森林中。主要以昆虫为食。不营巢也不孵卵，而将卵产于短翅树莺、黄喉鹀、树鹨等雀形目鸟类巢中，由这些鸟替它代孵代育。在湖南省为夏候鸟。种群数量较少。全省各地均有分布，罕见。

dà dù juān
大杜鹃

— 拉丁学名 *Cuculus canorus*

— 英 文 名 Common Cuckoo

— 别　　名 割谷

攀禽，体长 28 ~ 37cm，体重 100 ~ 153g。上体暗灰色，翅缘白色，杂有窄细的褐色横斑，尾无黑色亚端斑，腹具细密的黑褐色横斑。虹膜黄色，嘴黑褐色，下嘴基部近黄色，脚棕黄色。叫声似“布—谷”，为二声一度。栖息于山地、丘陵和平原地带的森林中。性孤独，常单独活动。以松毛虫、松针枯叶蛾及鳞翅目幼虫为食，也吃蝗虫、步行虫、叩头虫、蜂等昆虫。不营巢也不孵卵，而将卵产于麻雀、灰喜鹊、伯劳等雀形目鸟类巢中，由这些鸟代孵代育。

在湖南省为夏候鸟。种群数量较少。全省各地均有分布，少见。

鸨形目
OTIDIFORMES

湖 / 南 / 鸟 / 类 / 图 / 鉴

HUNAN NIAOLEI TUJIAN

陆禽。一般颈、脚均较长，胫部通常裸露无羽。栖息于开阔平原、草地和半荒漠地区，也出现于河流、湖泊沿岸和邻近的干湿草地。主要吃植物嫩叶、芽、种子和谷粒，也吃蝗虫、蚱蜢、蛙等动物。营巢于开阔草地上的浅窝内。雏鸟早成性。中国有 1 科 3 种，本书收录湖南省该目鸟类 1 科 1 种。

鸨 科

dà bǎo
大 鸨

— 拉丁学名 *Otis tarda*

— 英 文 名 Great Bustard

陆禽，体长 75～105cm，体重 3800～8750g。头、颈灰色，其余上体淡棕色，具细的黑色横斑，下体灰白色，雄鸟颏两侧有突出的白色羽簇，状如胡须，后颈基部至两侧有棕栗色横带，形成半领圈状。雌鸟与雄鸟相似，但体形较小，颏部无细长白色纤羽簇，下颈无棕栗色带斑。栖息于开阔平原、草地和半荒漠地区，也出现于河流、湖泊沿岸和邻近的干湿草地。主要吃植物嫩叶、芽、种子和谷粒，也吃蝗虫、蚱蜢、蛙等动物。营巢于开阔草地上的浅窝内。雏鸟早成性。

在湖南省为冬候鸟。种群数量极为稀少。洞庭湖偶有分布，罕见。国家一级保护鸟类。

雄

雌

鹤形目
GRUIFORMES

湖/南/鸟/类/图/鉴
HUNAN NIAOLEI TUJIAN

多为涉禽。一般颈、脚均较长，胫部通常裸露无羽。具 4 趾或 3 趾，不具蹼或仅微具蹼。大多生活于河流、湖泊、沼泽和湿草地中。主要以昆虫、鱼类等动物性食物为食，也吃植物叶、芽、果实和种子。多营巢于水域附近地上草丛或芦苇丛中。雏鸟早成性。中国有 2 科 29 种，本书收录湖南省该目鸟类 2 科 13 种。

（一）秧鸡科

pǔ tōng yāng jī

普通秧鸡

— 拉丁学名 *Rallus indicus*

— 英 文 名 Brown-cheeked Rail

涉禽，体长 24～28cm，体重 85～195g。嘴红色，上体橄榄褐色而具黑色条纹，脸、喉、前颈和胸石板灰色，两胁和尾下覆羽具黑白相间的横斑。栖息于开阔平原、低山丘陵和山脚平原地带的沼泽、水塘、河流和湖泊等水域岸边及附近的灌丛、草地和沼泽地带。主要以昆虫、蠕虫、软体动物和小鱼等动物性食物为食，也吃部分植物的果实、种子和农作物。营巢于湖泊、水塘或河流岸边地上草丛或芦苇丛中。

在湖南省为夏候鸟。种群数量较少。湘中以北湖泊、沼泽与河流等水域岸边及附近的灌丛、草地和沼泽地带偶有分布，偶见。

hóng jiǎo tián jī

红脚田鸡

拉丁学名 *Zapornia akool*

英 文 名 Brown Crake

别　　名 红脚苦恶鸟

涉禽，体长 25～28cm，体重 163～258g。上体橄榄褐色，嘴绿色，头侧、颈侧和胸灰色，喉白色，腹和尾下覆羽褐色，脚红色。栖息于平原、低山丘陵地带和溪边沼泽草地上。主要以蜗牛等软体动物和昆虫为食。营巢于靠近水边的芦苇丛或草丛中。

在湖南省为夏候鸟。种群数量稀少。主要分布于洞庭湖及周边湖泊，少见。

— 拉丁学名 *Zapornia pusilla*

— 英 文 名 Baillon's Crake

xiǎo tián jī

小田鸡

涉禽，体长15～19cm，体重33～50g。上体橄榄褐色，背具黑色条纹和白色斑点。脸、喉和胸灰色，两胁和尾下覆羽具黑白相间的横斑，翅上覆羽具白色条纹，嘴暗绿色。栖息于有芦苇等水边植物又有开阔水面的湖沼及其邻近的草地灌丛地区。主要以水生昆虫、虾和软体动物为食。营巢于近水边的草丛或灌丛中。

在湖南省为旅鸟。种群数量非常稀少。全省各地均有分布，偶见。

拉丁学名　*Zapornia fusca*

英 文 名　Ruddy-breasted Crake

hóng xiōng tián jī

红胸田鸡

涉禽，体长19～23cm，体重65～85g。上体赭褐色或暗橄榄褐色，颏、喉白色，胸和上腹红栗色，下腹和两胁灰褐色具白色横斑，脚红色。栖息于沼泽、湖滨与河岸的草丛、灌丛中。主要以水生昆虫、软体动物和水生植物叶、芽、种子为食。营巢于水边草丛或灌丛中地上。

在湖南省为旅鸟。种群数量非常稀少。全省各地均有分布，偶见。

bái xiōng kǔ è niǎo

白胸苦恶鸟

拉丁学名 *Amaurornis phoenicurus*

英文名 White－breasted Waterben

涉禽，体长 26 ~ 35cm，体重 163 ~ 258g。上体石板灰色，脸和喉、胸、下体白色，腹和尾下覆羽栗红色，嘴黄绿色，上嘴基部有红斑；脚黄绿色。体羽上下黑白分明。栖息于沼泽、溪流、水塘、水稻田和湖边沼泽地带，也出现于水域附近的灌丛、竹丛、疏林和村庄附近有植物隐蔽的水体中。主要以螺、蜗牛、蚂蚁、鞘翅目昆虫等动物性食物为食，也吃植物花、芽、草子和麦粒、蚕豆、稻谷等农作物。营巢于水边离地数厘米或十余厘米的灌丛或草丛中。

在湖南省为夏候鸟。种群数量较丰富。全省各地均有分布，少见。

dǒng jī

董 鸡

拉丁学名 *Gallicrex cinerea*

英 文 名 Watercock

涉禽，体长 31～53cm，体重 210～550g。雄鸟夏季通体灰黑色，脚黄绿色，嘴黄色，额至嘴基有一红色额甲，后端突起，伸出于头顶，状如鸡冠。雌鸟额甲不显著，上体灰黑色，具宽阔的黄褐色羽缘。栖息于水稻田、池塘、芦苇沼泽、湖边草丛和富有水生植物的浅水渠中。主要吃水蜘蛛、螺、虾、水生昆虫和植物嫩叶、禾本科植物草子和谷粒等。营巢于水稻田中。雏鸟早成性。

在湖南省为夏候鸟。种群数量较少。全省各地均有分布，偶见。

zǐ shuǐ jī

紫水鸡

拉丁学名 *Porphyrio porphyrio*

英 文 名 Purple Swamphen

涉禽，体长45～50cm，体重550g左右。通体为蓝色或紫蓝色，嘴膨大而粗短，鲜红色，额甲亦为鲜红色，脚和趾均甚长，暗红色，尾下覆羽纯白色。栖息于芦苇沼泽和富有水生植物的湖泊、水渠中。主要以水生植物的嫩叶、幼芽、种子为食，也吃陆生和水生昆虫、昆虫幼虫和软体动物等。营巢于人难以到达的芦苇丛或水草丛中。

在湖南省为留鸟。种群数量极为稀少。仅分布于洞庭湖，罕见。

拉丁学名 *Gallinula chloropus*

英 文 名 Common Moorhen

别　　名 红骨顶、红冠水鸡

hēi shuǐ jī

黑水鸡

涉禽，体长 24 ~ 35cm，体重 141 ~ 400g。通体黑褐色，嘴黄色，嘴基与额甲红色，两肋具宽阔的白色纵纹，尾下覆羽两侧亦为白色，中间黑色；脚黄绿色，脚上部有一鲜红环带。栖息于富有芦苇和水生挺水植物的沼泽、湖泊、水库、苇塘及水田中，善游泳和潜水。主要吃水生植物以及水生昆虫、蠕虫、蜘蛛、蜗牛和昆虫幼虫等。营巢于水边浅水处芦苇丛或水草丛中。雏鸟早成性。

在湖南省为留鸟。种群数量较丰。全省各地均有分布，少见。

bái gǔ dǐng

白骨顶

— 拉丁学名 *Fulica atra*

— 英 文 名 Common Coot

— 别 名 骨顶鸡

游禽，体长 35～43cm，体重 430～835g。通体黑色，嘴和额部甲板白色，脚绿色，趾间具波形瓣状蹼。次级飞羽具白色羽端，在黑色的两翅形成黑白分明的翼斑。栖息于低山丘陵和平原草地中的水库、水塘、苇塘、水渠等各类长有芦苇及挺水植物的水域中，善游泳和潜水。主要吃小鱼、虾、水生昆虫、水生植物等。营巢于开阔水面的水边芦苇丛和水草丛中。雏鸟早成性。

在湖南省为冬候鸟。种群数量较少。全省各地均有分布，少见。

（二）鹤　科

bái　hè
白　鹤

拉丁学名　*Grus Leucogeranus*

英 文 名　Siberian Crane

涉禽，体长 130 ~ 140cm，体重 5100 ~ 7400g。嘴和脚暗红色；站立时通体白色，飞翔时翅尖黑色，其余羽毛白色。栖息于开阔平原、沼泽草地、苔原沼泽和浅水沼泽地带。以苦草、眼子菜、苔草、荸荠等植物的茎和块根为食，也吃蚌、螺、昆虫、甲壳动物等。营巢于湖泊纵横的苔原沼泽地带高的土丘上或水中小岛上。

在湖南省为冬候鸟。种群数量非常稀少。仅分布于洞庭湖及周边湖泊，少见。国家一级保护鸟类。

bái zhěn hè

白枕鹤

— 拉丁学名 *Grus vipio*

— 英 文 名 White－naped Crane

涉禽，体长 120 ~ 150cm，体重 4750 ~ 5120g。脸红色，头、枕和颈白色，颈的两侧有一暗灰色条纹，脚红色，上下体羽暗灰色，初级飞羽和次级飞羽黑色，翅上覆羽淡白色。栖息于开阔平原的芦苇沼泽和水草沼泽地带。主要以植物为食，也吃鱼、蛙、蚌、螺和昆虫等动物。营巢于芦苇沼泽和水草沼泽中。

在湖南省为冬候鸟。种群数量非常稀少。在洞庭湖及周边湖泊有分布。偶见。国家二级保护鸟类。

huī hè

灰 鹤

拉丁学名 *Grus grus*

英 文 名 Common Crane

涉禽，体长 100 ~ 112cm，体重 3000 ~ 5500g。颈、脚均甚长，全身羽毛大都灰色，头顶裸出皮肤鲜红色，眼后至颈侧有一灰白色纵带，脚黑色。栖息于开阔平原、草地、沼泽、河滩、湖泊以及农田地带，成小群活动，性机警。主要以植物性食物为食，也吃昆虫、蛙、鱼类和软体动物等。营巢于沼泽草地中干燥地面上。雏鸟晚成性。

在湖南省为冬候鸟。种群数量非常稀少。仅分布于洞庭湖及周边湖泊，少见。国家二级保护鸟类。

bái tóu hè

白头鹤

— 拉丁学名 *Grus monacha*

— 英 文 名 Hooded Crane

涉禽，体长 92～97cm，体重 3284～4870g。颈、脚较长，头、颈白色，前额黑色，头顶裸露皮肤红色，脚黑色，上下体羽毛石板灰色。栖息于河流、湖泊岸边泥滩、沼泽和湿草地中。性机警。主要以甲壳类、小鱼、软体动物和昆虫等为食，也吃苔草、眼子菜等植物嫩叶和块根等。营巢于生长有稀疏落叶松和灌木的沼泽地上。

在湖南省为冬候鸟。种群数量极为稀少。在洞庭湖及周边湖泊有分布。偶见。国家一级保护鸟类。

成鸟

幼鸟

10 鸻形目 CHARADRIIFORMES

中、小型涉禽。多数嘴短而直，尖端坚硬。鼻孔在嘴两侧沟内。翅尖短。尾羽短小。脚长，胫下部通常裸露无羽。趾间具蹼或不具蹼。主要栖息于湖畔、河滩等水域或沼泽地带。主要以甲壳类、软体动物和昆虫等动物性食物为食。营巢于地上。雏鸟早成性。多为迁徙鸟类。中国有 13 科 135 种，本书收录湖南省该目鸟类 8 科 53 种。

（一）反嘴鹬科

hēi chì cháng jiǎo yù

黑翅长脚鹬

— 拉丁学名 *Himantopus himantopus*

— 英 文 名 Black-winged Stilt

涉禽，体长 29 ~ 41cm，体重 146 ~ 190g。脚特别细长，粉红色。嘴稍长而尖，黑色。雄鸟额白色，头顶至后颈黑色，或白色而杂以黑色。肩、背和翅上覆羽也为黑色，且富有绿色金属光泽。雌鸟和雄鸟基本相似，但整个头、颈全为白色。上背、肩和三级飞羽褐色。冬羽和雌鸟夏羽相似，头颈均为白色，头顶至后颈有时缀有灰色。栖息于开阔平原草地中的湖泊、浅水塘和沼泽地带。主要以软体动物、虾、甲壳类、环节动物、昆虫、昆虫幼虫、小鱼和蝌蚪等为食。营巢于开阔的湖边沼泽、草地或湖中露出水面的浅滩及沼泽地上。雏鸟晚成性。

在湖南省为冬候鸟。种群数量较少。主要分布于洞庭湖及周边湖泊、湿地，少见。

— 雄

— 雌

fǎn zuǐ yù

反嘴鹬

拉丁学名 *Recurvirostra avosetta*

英 文 名 Pied Avocet

涉禽，体长 40～45cm，体重 275～395g。嘴黑色，细长而向上翘。脚亦较长，青灰色。头顶从前额至后颈黑色，翼尖和翼上及肩部有两条黑色带斑，其余体羽白色。栖息于平原、半荒漠地区的湖泊、水塘和沼泽地带。以小型甲壳类、水生昆虫、昆虫幼虫、蠕虫和软体动物为食。营巢于开阔平原上的湖泊岸边，常成群结巢。雏鸟晚成性。

在湖南省属冬候鸟。种群数量丰富。主要分布于洞庭湖及周边湖泊、湿地，易见。

（二）鸻 科

fèng tóu mài jī

凤头麦鸡

— 拉丁学名 *Vanellus vanellus*

— 英 文 名 Northern Lapwing

涉禽，体长 29 ~ 34cm，体重 180 ~ 275g。头顶具细长而稍向前弯的黑色冠羽，上体暗绿色，下体白色，胸具宽阔的黑色环带。嘴黑色，脚黑色或暗灰色。栖息于低山丘陵、山脚平原、草原的湖泊、水塘、沼泽和农田地带。吃甲虫、金花虫、天牛幼虫、石蛾、蝼蛄等昆虫，也吃虾、螺、蜗牛、蚯蚓等。多营巢于草地或沼泽草甸边的盐碱地上。雏鸟早成性。

在湖南省为冬候鸟。种群数量稀少。主要分布于洞庭湖及周边湖泊、湿地，少见。

huī tóu mài jī

灰头麦鸡

拉丁学名 *Vanellus cinereus*

英 文 名 Grey-headed Lapwing

涉禽，体长 32～36cm，体重 236～413g。头、颈、胸灰色。下胸具黑色横带，其余下体白色，背茶褐色，尾上覆羽，尾白色，尾具黑色端斑。嘴黄色，先端黑色，脚较细长，亦为黄色。栖息于平原草地、沼泽、湖畔、河边、水塘以及农田地带。主要啄食甲虫、蝗虫、蚱蜢等昆虫，也吃水蛭、螺、蚯蚓、软体动物和植物叶片及种子。营巢于苇塘和湖泊等水域附近草地上。雏鸟早成性。

在湖南省多为冬候鸟，也有在湖南省繁殖的。种群数量稀少。主要分布于洞庭湖及周边湖泊、湿地，少见。

拉丁学名 *Pluvialis fulva*

英 文 名 Pacific Golden Plover

别　　名 金斑鸻

jīn héng 金 鸻

幼鸟

涉禽，体长23～26cm，体重98～140g。夏羽上体黑色，密布金黄色斑点，下体纯黑色，自额经眉纹沿颈侧而下到胸侧有一条呈“Z”字形的白带。冬羽上体灰褐色，羽缘淡金黄色，下体灰白色，有不甚明显的黄褐色斑点，眉纹黄白色。栖息于沿海海滨、湖泊、河流、水塘岸边及其附近的沼泽、草地、农田和耕地上。主要以甲虫、鳞翅目和直翅目昆虫、蠕虫、甲壳类、软体动物等为食。营巢于西伯利亚北部和北极苔原上。

在湖南省为旅鸟。种群数量非常稀少。仅洞庭湖及周边湖泊、湿地偶有分布，偶见。

成鸟

成鸟

拉丁学名 *Pluvialis squatarola*

英 文 名 Grey Plover

别 名 灰斑鸻

huī héng

灰 鸻

涉禽，体长 27 ~ 32cm，体重 175 ~ 230g。夏羽上体呈黑白斑驳状，下体从眼眉以下到腹全为黑色，上下两色之间夹以白色，腰、尾白色，尾上有黑色横斑。冬羽下体呈淡灰色，具黑色纵纹，眉纹白色。栖息于沿海海滨、沙洲、河口与湖泊沿岸，也出现于沼泽、水塘、草地及农田地带。主要以虾、蟹、水生昆虫和甲壳类、软体动物为食。营巢于北极苔原上。

在湖南省为旅鸟。种群数量非常稀少。仅洞庭湖及周边湖泊、湿地偶有分布，偶见。

— 拉丁学名 *Charadrius placidus*

— 英 文 名 Long-billed Plover

cháng zuǐ jiàn héng

长嘴剑鸻

涉禽，体长 18～24cm，体重 57～81g。夏羽上体灰褐色，下体白色，颈具黑、白两道颈环，白环较宽，在前颈与喉的白色相连，黑环在胸部变宽。额白色，头顶前部黑色。眼后上方有白色眉纹，贯眼纹灰褐色，嘴黑色，脚暗黄色。冬羽额带、胸带和过眼纹褐色。栖息于河流、湖泊、水塘岸边和沙滩上。主要以昆虫和幼虫为食。营巢于湖泊、河流等水域岸边沙石地上或河漫滩上。

在湖南省为冬候鸟。种群数量稀少。仅洞庭湖及周边湖泊、湿地偶有分布，偶见。

jīn kuàng héng

金眶鸻

— 拉丁学名 *Charadrius dubius*

— 英 文 名 Little Ringed Plover

涉禽，体长 15 ~ 18cm，体重 28 ~ 48g。夏羽上体沙褐色，眼周金黄色。嘴黑色，额具一宽阔的黑色横带。眼先至耳覆羽有一宽阔的黑色贯眼纹，眼后上方有一白色眉纹。后颈具一白色颈环，往前与颏、喉的白色相连。冬羽额部黑带消失，胸带褐色或不显。栖息于开阔平原和低山丘陵地带的湖泊、河流岸边以及附近的沼泽、草地和农田地带。主要吃鳞翅目、鞘翅目及其他昆虫、蠕虫、甲壳类、软体动物等小型无脊椎动物。营巢于河流、湖泊岸边或河心小岛及沙洲上。

在湖南省为夏候鸟。种群数量稀少。全省各地均有分布，少见。

huán jǐng héng

环颈鸻

— 拉丁学名 *Charadrius alexandrinus*

— 英 文 名 Kentish Plover

涉禽，体长 15 ~ 18cm，体重 34 ~ 43g。嘴较长，黑色。上体沙褐色或灰褐色，下体白色。雄鸟头顶有黑斑，头顶后及后枕棕褐色，额白色与白色眉纹相连，过眼纹黑色，胸侧具黑色块斑。雌鸟头顶、过眼纹和胸侧块斑为褐色。栖息于沿海海岸、河岸沙滩、沼泽草地上。主要以蠕虫、昆虫和软体动物等为食。营巢于沙滩或卵石滩上。

在湖南省为夏候鸟或留鸟。种群数量稀少。主要分布于洞庭湖及周边湖泊、湿地，少见。

tiě zuǐ shā héng

铁嘴沙鸻

— 拉丁学名 *Charadrius leschenaultii*

— 英文名 Greater Sand Plover

涉禽，体长 19～23cm，体重 55～86g。夏羽上体暗沙褐色，嘴较长、黑色，额白色，眼先和一条贯眼纹经眼到耳羽为黑色。后颈和颈侧淡棕栗色。胸栗棕红色，往两侧延伸与后颈棕栗色相连。冬羽胸带变短，仅为胸两侧的灰褐色带斑。栖息于内陆河流、湖泊岸边以及附近的沼泽和草地上。主要以昆虫、昆虫幼虫、小型甲壳类和软体动物为食。营巢于有稀疏植物的沙地或沙石地上。

在湖南省为旅鸟。种群数量非常稀少。仅分布于洞庭湖及周边湖泊、湿地，罕见。

夏羽

冬羽

dōng fāng héng

东方鸻

— 拉丁学名 *Charadrius veredus*

— 英 文 名 Oriental Plover

涉禽，体长 22 ~ 26cm，体重约 80g。夏羽前额、眉纹和头的两侧白色，头顶、背褐色或沙褐色。颏、喉白色，前颈棕色，胸棕栗色，其下有一黑色胸带紧靠其后，其余下体白色。嘴细长，黑色。腋羽黑色。冬羽胸部黑带消失，棕栗色胸亦更多褐色，脸和颊缀有皮黄色或淡褐色，上体具皮黄色或棕色羽缘。栖息于草地、淡水湖泊与河流岸边。主要以昆虫和昆虫幼虫为食。

在湖南省为旅鸟。种群数量非常稀少。仅分布于洞庭湖及周边湖泊、湿地，罕见。

冬羽

夏羽

（三）彩鹬科

cǎi yù
彩 鹬

— 拉丁学名 *Rostratula benghalensis*
— 英 文 名 Greater Painted Snipe

水鸟，体长 24 ~ 28cm，体重 103 ~ 180g。嘴细长，先端膨大并向下弯曲。雄鸟头具淡黄色中央纹，眼周淡黄色，并向后延伸成一柄眼镜。背具横斑，两侧黄色纵带，胸至尾下覆羽白色，胸至背有一白色宽带。雌鸟喉和前胸栗色，眼周和向后延伸的带柄白色，头顶中央和背两侧具金黄色纵带。栖息于平原、丘陵和山地中的芦苇水塘、沼泽、河滩草地和水稻田中。以昆虫、蝗虫、虾、螺、蛙、蚯蚓等为食。营巢于浅水外芦苇丛或水草丛中。

在湖南省为夏候鸟或留鸟。种群数量非常稀少。主要分布于洞庭湖及周边湖泊、湿地，偶见。

— 雌

— 雄

（四）水雉科

shuǐ zhì
水 雉

— 拉丁学名 *Hydrophasianus chirurgus*

— 英 文 名 Pheasant－tailed Jacana

中型鸟类，体长 31～58cm，体重约 600g。头和前颈白色，后颈金黄色，枕部和其余体羽黑色，翅白色，仅初级飞羽具黑色羽尖，趾甚长。夏羽具特别长的黑色尾。冬羽上体绿褐至灰褐色，下体白色，头具白色眉纹。颈侧具一黑色纵带，沿颈侧而下与黑色胸带相连，尾较夏羽短。栖息于富有挺水植物和漂浮植物的淡水湖泊、池塘和沼泽地带。性活泼，善游泳和潜水。以昆虫、虾、软体动物、甲壳类等小型无脊椎动物和水生植物为食。营巢于莲叶、百合叶、水仙花叶及大型浮草上。雏鸟晚成性。

在湖南省为夏候鸟。种群数量稀少。主要分布于洞庭湖及周边湖泊、湿地，少见。

夏羽

夏羽

（五）鹬 科

拉丁学名　*Scolopax rusticola*
英 文 名　Eurasian Woodcock

qiū yù
丘 鹬

涉禽，体长 32～42cm，体重 237～336g。嘴长粗而直，颈与脚均较短，翅较圆。额淡灰色，头顶至后枕具 3～4 条黑色横带。栖息于阴暗潮湿、林下植物发达、落叶层较厚的阔叶林和混交林中。多夜间活动。以鞘翅目、双翅目、鳞翅目等昆虫为食，也吃植物根、浆果和种子。营巢于灌木或草本植物发达的树桩和倒木下，也常置巢于草丛中，雏鸟晚成性。

在湖南省为旅鸟。种群数量非常稀少。全省各地均有分布，偶见。

gū shā zhuī
孤沙锥

拉丁学名 *Gallinago solitaria*
英 文 名 Solitary Snipe

涉禽，体长 26～32cm，体重 126～159g。嘴长而直，灰褐色，脚短，土黄色，两眼位于头侧稍靠后。头顶的中央冠纹和眉纹白色。上体赤褐色，背具 4 条白色纵带。尾具黑色横斑和宽阔的棕红色次端斑。胸淡黄褐色，喉和腹白色。两胁、腋羽和翼下覆羽白色而具密集的黑褐色横斑。栖息于不冻的水域、水稻田中。主要以昆虫、昆虫幼虫、软体动物和甲壳类动物等为食，也吃植物种子。营巢于山区溪流、湖泊、水塘岸边草地上和沼泽地上。

在湖南省为冬候鸟。种群数量非常稀少。仅分布于洞庭湖及周边湖泊、湿地，偶见。

zhēn wěi shā zhuī

针尾沙锥

拉丁学名 *Gallinago stenura*

英文名 Pintail Snipe

涉禽，体长 21 ~ 29cm，体重 92 ~ 135g。头顶中央冠纹和眉纹白色或棕白色。上体杂有红棕色、绒黑色和白色纵纹或斑纹，嘴基淡色，眉较暗色，贯眼纹宽。下体污白色具黑色纵纹或斑纹。外侧尾羽特别窄而硬挺，较中央尾羽明显为短，尾呈扇形。栖息于开阔的低山丘陵和平原地带的河边、湖缘、水塘、沼泽、草地和水稻田等水域湿地。主要以昆虫、昆虫幼虫、甲壳类和软体动物等为食。营巢于山地苔原草地和沼泽地上。

在湖南省为旅鸟。种群数量非常稀少。主要分布于洞庭湖及周边湖泊、湿地，偶见。

dà shā zhuī

大沙锥

— 拉丁学名 *Gallinago megala*

— 英 文 名 Swinhoe's Snipe

涉禽，体长 26～29cm，体重 112～164g。嘴、尾较长，上体绒黑色，杂有棕白色和红棕色斑纹，下体白色，两侧具黑褐色横斑。栖息于开阔的湖泊、河流、水塘、芦苇沼泽和水稻田地带。主要以昆虫、昆虫幼虫、环节动物和甲壳类动物等为食。营巢于开阔森林中的草地、河谷、芦苇沼泽和林间空地上。

在湖南省为旅鸟。种群数量非常稀少。主要分布于洞庭湖及周边湖泊、湿地，罕见。

shàn wěi shā zhuī

扇尾沙锥

— 拉丁学名 *Gallinago gallinago*

— 英 文 名 Common Snipe

涉禽，体长 24 ~ 30cm，体重 75 ~ 189g。嘴粗长而直，上体黑褐色，头顶具乳黄色或黄白色中央冠纹；侧冠纹黑褐色，眉纹乳黄白色，贯眼纹黑褐色。背、肩具乳黄色羽缘，形成 4 条纵带。颈和上胸黄褐色具黑褐色纵纹。下胸和尾下覆羽白色。栖息于河边、湖岸、水塘等水域生境。主要以蚂蚁、金针虫、小甲虫、鞘翅目等昆虫和昆虫幼虫为食，也吃小鱼和杂草种子。营巢于苔原和平原地带湖泊、水塘、溪流岸边和沼泽地上。雏鸟早成性。

在湖南省多为冬候鸟。种群数量较少。主要分布于洞庭湖及周边湖泊、湿地，少见。

hēi wěi chéng yù

黑尾塍鹬

— 拉丁学名 *Limosa limosa*

— 英 文 名 Black－taied Godwit

涉禽，体长 36～44cm，体重 170～370g。嘴长而直，微向上翘，尖端较钝，黑色，基部肉色。夏羽头、颈和上胸栗棕色，腹白色，胸和两胁具黑褐色横斑。头和后颈具细的黑褐色纵纹。眉纹白色，贯眼纹黑色。尾白色具宽阔的黑色端斑。冬羽上体灰褐色，下体灰色。栖息于平原草地和森林地带的沼泽、湿地、湖边和附近的草地与低湿地上。主要以水生和陆生昆虫、昆虫幼虫、甲壳类和软体动物等为食。营巢于水域附近开阔的稀疏草地上。

在湖南省为旅鸟。种群数量非常稀少。仅分布于洞庭湖及周边湖泊、湿地，偶见。

- 拉丁学名 *Limosa lapponica*
- 英 文 名 Bar－taied Godwit

bān wěi chéng yù

斑尾塍鹬

涉禽，体长 37～41cm，体重 245～320g。嘴细长而微向上翘，夏羽通体栗红色，头和后颈具黑色细纵纹，背具粗的黑斑和白色羽缘。冬羽通体淡灰褐色，头、颈有黑色细纵纹，上体和两胁具黑褐色横斑。多栖息于河口和邻近的沼泽地带。主要以甲壳类、软体动物、环节动物、水生昆虫和昆虫幼虫等为食。营巢于湖泊、河流岸边或附近沼泽的苔原上。

在湖南省为旅鸟。种群数量稀少。仅分布于洞庭湖及周边湖泊、湿地，罕见。

zhōng sháo yù
中杓鹬

拉丁学名 *Numenius phaeopus*

英 文 名 Whimbrel

涉禽，体长 40～46cm，体重 315～475g。嘴黑色、细长而向下弯曲呈弧状，头、颈淡褐色具黑色纵纹，头顶具乳黄色中央冠纹，头两侧具黑色侧冠纹，眉纹皮黄白色，背黑褐色具皮黄色和白色斑纹，下体淡褐色，胸具黑褐色纵纹，两胁具黑褐色横斑。栖息于沿海沙滩、河口、沙洲、湖泊、沼泽及农田等到各种生境。主要以昆虫和昆虫幼虫、甲壳类、软体动物等为食。营巢于北极湖泊、河流岸边及其附近的沼泽湿地上。

在湖南省为旅鸟。种群数量极为稀少。仅分布于洞庭湖及周边湖泊、湿地，罕见。

bái yāo sháo yù

白腰杓鹬

— 拉丁学名 *Numenius arquata*

— 英 文 名 Eurasian Curlew

涉禽，体长 57 ~ 63cm，体重 659 ~ 1000g。嘴黑色，特别细长且向下弯曲，下嘴基部肉红色，上体淡褐色具黑色纵纹，腰白色并呈楔形向下背延伸，尾白色具黑色横斑，颊、颈和胸淡黄褐色具细窄的黑褐色纵纹，其余下体包括腋羽和翅下覆羽白色，两胁具黑褐色纵纹。栖息于森林和平原中的湖泊、河流岸边和附近的沼泽、草地及农田地带。主要以甲壳类、软体动物、昆虫和昆虫幼虫等为食，也吃小鱼和蛙等。营巢于林中开阔的沼泽湿地、湖泊和溪流附近。

在湖南省为冬候鸟或旅鸟。种群数量非常稀少。仅分布于洞庭湖及周边湖泊、湿地，偶见。

dà sháo yù

大杓鹬

— 拉丁学名 *Numenius madagascariensis*

— 英 文 名 Eastern Curlew

涉禽，体长 54 ~ 65cm，体重 725 ~ 1100g。具有特别长且向下弯曲的嘴，体羽多呈茶褐色，腰和尾羽红褐色，尾下覆羽和翼下覆羽以及腋羽淡褐色具黑褐色纵纹。嘴黑色，下嘴基部肉红色。栖息于沿海沼泽、海滨、河口沙洲和附近的湖边草地及农田地带。主要以甲壳类、软体动物、昆虫和昆虫幼虫等为食，有时也吃鱼类、爬行类等脊椎动物。营巢于低山丘陵、溪流两岸、沼泽湿地或山脚平原湖边沼泽中的土丘和盐碱地上。

在湖南省为旅鸟。种群数量非常稀少。仅分布于洞庭湖及周边湖泊、湿地，偶见。

拉丁学名 *Tringa erythropus*

英 文 名 Spotted Redshank

鹤鹬 (hè yù)

冬羽

涉禽，体长 26～33cm，体重 114～205g。夏羽通体黑色，眼圈白色。嘴细长而尖直，下嘴基部红色，余为黑色。脚亦细长，暗灰色。冬羽背灰褐色，腹白色，胸侧和两胁具灰褐色横斑。眉纹白色，脚鲜红色，尾具褐色横斑，飞翔时红色的脚伸出尾外。栖息和活动在淡水或盐水湖泊、河流沿岸、河口沙洲、海滨和沼泽及农田地带。主要以甲壳类、软体动物、蠕形动物、水生昆虫和昆虫幼虫为食。营巢于湖边草地上或苔原和沼泽地带高的土丘上等。

在湖南省为冬候鸟。种群数量稀少。主要分布于洞庭湖及周边湖泊、湿地，少见。

夏羽

hóng jiǎo yù

红脚鹬

— 拉丁学名 *Tringa totanus*

— 英 文 名 Common Redshank

涉禽，体长 26 ~ 29cm，体重 97 ~ 157g。上体呈锈褐色具黑褐色羽干纹。下体白色，颊至胸具黑褐色纵纹，两胁具黑褐色横斑。嘴长直而尖，橙红色，尖端黑色。脚较长，橙红色。飞翔时翅上具宽阔的白色翅带。栖息于沼泽、草地、河流、湖泊、水塘、河口沙洲等水域或水域附近的湿地上。主要以螺、甲壳类、软体动物、环节动物、昆虫和昆虫幼虫为食。营巢于海岸、湖边、河边和沼泽地上。

在湖南省为冬候鸟。种群数量非常稀少。主要分布于洞庭湖及周边湖泊、湿地，偶见。

zé yù
泽 鹬

拉丁学名 *Tringa stagnatilis*

英 文 名 Marsh Sandpiper

涉禽，体长19～26cm，体重55～120g。上体灰褐色，腰及下背白色，尾羽上有黑褐色横斑。前颈和胸有黑褐色细纵纹，额白。下体白色。嘴长，相当纤细，直而尖，颜色为黑色，基部绿灰色，脚细长，暗灰绿色或黄绿色。栖息于湖泊、河流、芦苇沼泽、水塘、河口和沿海沼泽与邻近水塘和水田地带。主要以水生昆虫、昆虫幼虫、蠕虫、软体动物和甲壳类为食，也吃小鱼和鱼苗。营巢于开阔平原和平原森林地带的湖泊、河流、水塘岸边及其附近沼泽与湿草地上。

在湖南省为旅鸟。种群数量非常稀少。主要分布于洞庭湖及周边湖泊、湿地，罕见。

qīng jiǎo yù

青脚鹬

— 拉丁学名 *Tringa nebularia*

— 英 文 名 Common Greenshank

涉禽，体长 30 ~ 35cm，体重 160 ~ 350g。嘴长而较尖，微向上翘。上体灰褐色具黑褐色羽干纹和白色羽缘。下体白色。脚较长，蓝绿色。多栖息在河口沙洲、沿海沙滩和平坦的泥泞地带。主要以虾、蟹、小鱼、螺、水生昆虫和昆虫幼虫为食。营巢于有稀疏树木的湖泊、溪流岸边和沼泽地上。雏鸟早成性。

在湖南省为冬候鸟。种群数量稀少。主要分布于洞庭湖及周边湖泊、湿地，少见。

拉丁学名 *Tringa ochropus*

英 文 名 Green Sandpiper

bái yāo cǎo yù

白腰草鹬

冬羽

涉禽，体长 20 ~ 24cm，体重 60 ~ 107g。夏羽上体黑褐色具白色斑点，腰和尾白色，尾具黑色横斑。下体白色，胸具黑褐色纵横。白色眉纹仅限于眼先，与白色眼周相连。冬羽颜色较灰，胸部纵纹不明显，飞翔时翅上翅下均为黑色。主要栖息于河口、湖泊、河流、水塘、农田和沼泽地带。以蠕虫、虾、蜘蛛、小蚌、螺、昆虫和昆虫幼虫为食。营巢于森林中的河流、湖泊岸边或林间沼泽地带。

在湖南省为冬候鸟。种群数量稀少。全省各地均有分布，偶见。

夏羽

lín yù
林 鹬

— 拉丁学名 *Tringa glareola*

— 英 文 名 Wood Sandpiper

涉禽，体长 19～23cm，体重 48～84g。嘴黑色，基部黄绿色，脚较长。夏羽头和后颈黑褐色具细的白色纵纹。背黑褐色具白色斑点，腰和尾白色，尾具黑褐色横斑。具白色眉纹和黑褐色贯眼纹，胸具黑褐色纵纹，腋羽和翼下覆羽白色。冬羽胸部斑纹不明显。栖息于各种淡水和盐水湖泊、水塘、水库、沼泽和水田地带。主要直翅目、鳞翅目昆虫、昆虫幼虫、蠕虫、虾、蜘蛛、软体动物等为食，也吃少量植物种子。营巢于森林、河流两岸、湖泊、沼泽、草地和冻原地带的水边或附近草丛与灌丛中。

在湖南省为旅鸟。种群数量非常稀少。主要分布于洞庭湖及周边湖泊、湿地，偶见。

夏羽

冬羽

- 拉丁学名 *Tringa brevipes*
- 英 文 名 Grey－tailed Tattler

huī wěi piāo yù

灰尾漂鹬

涉禽，体长25～28cm，体重75～172g。夏羽额白色，上体灰色，颏、腹和尾下覆羽白色，但具细密的灰色横斑，其余下体亦为白色。眉纹白色，眼先暗色。脚较短，黄色。嘴直，黑色或下嘴基部黄色。冬羽上体灰色，下体白色无横斑，但前颈和胸缀有淡灰色。主要栖息于泥地与河口。以石蛾、毛虫、水生昆虫、甲壳类和软体动物为食，也吃小鱼。营巢于具有石质河底、流速较快的山地河流两岸。

在湖南省为旅鸟。种群数量非常稀少。仅分布于洞庭湖及周边湖泊、湿地，偶见。

qiào zuǐ yù

翘嘴鹬

拉丁学名 *Xenus cinereus*

英 文 名 Terek Sandpiper

涉禽，体长 22 ~ 25cm，体重 63 ~ 109g。嘴长而尖，明显向上翘，基部黄色，尖端黑色。脚略短，橙黄色。夏羽上体灰褐色，肩部有显著的黑色纵带，下体白色，颈侧和胸侧具黑褐色纵纹。冬羽肩部无黑色纵带，颈侧、胸侧斑纹不明显。主要栖息于河口沙滩和泥地上。以甲壳类、软体动物、昆虫和昆虫幼虫等为食。营巢于森林中河流两岸和湖泊、水塘岸边。

在湖南省为旅鸟。种群数量非常稀少。仅分布于洞庭湖及周边湖泊、湿地，偶见。

冬羽

夏羽

矶鹬
jī yù

— 拉丁学名 *Actitis hypoleucos*

— 英文名 Common Sandpiper

涉禽，体长16～22cm，体重41～61g。嘴、脚均较短，嘴暗褐色，脚淡黄绿色，具白色眉纹和黑色贯眼纹。上体黑褐色，下体白色，并沿胸侧向背部延伸，翅折叠时在翼角前方形成显著的白斑，飞翔时明显可见尾两边的白色横斑和翼上宽阔的白色翼带。以昆虫为食，也吃无脊椎动物和小鱼等。栖息于低山丘陵和山脚平原地带的江河沿岸、湖泊、水库和水塘岸边等地。营巢于江河岸边沙滩草丛中地上。雏鸟早成性。

在湖南省为冬候鸟。种群数量较少。主要分布于洞庭湖及周边湖泊、湿地，偶见。

fān shí yù

翻石鹬

拉丁学名 *Arenaria interpres*

英 文 名 Ruddy Turnstone

涉禽，体长18～25cm，体重82～135g。嘴、颈、脚均较短。夏羽背棕红色具黑、白色斑，头和下体白色，头顶具黑色纵纹，颊和颈侧具黑色花斑，前颈和胸黑色，脚橙黄色。冬羽背呈暗褐色，其余似夏羽。栖息于内陆湖泊、河流、沼泽以及附近的荒原上。主要以甲壳类、软体动物、蜘蛛、昆虫和昆虫幼虫等为食，也吃植物的种子与浆果。营巢于浅滩或岛屿、沙地及海岸灌丛与岩石下。

在湖南省为旅鸟。种群数量非常稀少。仅分布于洞庭湖及周边湖泊、湿地，偶见。

冬羽

冬羽

sān zhǐ bīn yù

三趾滨鹬

拉丁学名 *Calidris alba*

英文名 Sanderling

涉禽，体长 20～21cm，体重 48～84g。嘴黑色，较粗短。脚亦为黑色，后趾缺失，仅三趾。夏羽头颈和下体棕红色具黑色纵纹，肩具白色或灰白色羽缘。颏、喉白色，胸棕红色具细的黑色纵纹，其余下体白色。冬羽上体浅灰色具暗色羽干纹和白色羽缘。翼角黑色。额、脸和下体白色。栖息于湖岸、河口沙洲以及沼泽地带。主要以甲壳类、软体动物、蚊类和其他昆虫幼虫等为食，也吃少量植物种子。营巢于苔原、芦苇沼泽和湖泊岸边。

在湖南省为旅鸟。种群数量非常稀少。仅分布于洞庭湖及周边湖泊、湿地，罕见。

冬羽

冬羽

拉丁学名 *Calidris ruficollis*

英 文 名 Red－necked Stint

别　　名 红胸滨鹬

hóng jǐng bīn yù

红颈滨鹬

夏羽

涉禽，体长 13～17cm，体重 20～41g。嘴短而直，黑色，脚亦较短，黑色。夏羽头顶、后颈和颈侧具黑褐色细纵纹，背具黑褐色中央斑和白色羽缘，脸和上胸红褐色，下胸至尾下覆羽白色。冬羽红褐色消失，上体灰褐色，头顶具黑褐色细纵纹，下体白色。栖息于河口、淡水湖泊及沼泽地带。主要以昆虫、昆虫幼虫、蠕虫、甲壳类和软体动物为食。营巢于苔原草本植物丛中。

在湖南省为旅鸟。种群数量非常稀少。仅分布于洞庭湖及周边湖泊、湿地，罕见。

冬羽

qīng jiǎo bīn yù

青脚滨鹬

拉丁学名 *Calidris Ternminckii*

英文名 Ternminck's Stint

别 名 乌脚滨鹬

涉禽，体长 12 ~ 17cm，体重 16 ~ 32g。嘴黑色，脚黄绿色。夏羽上体灰黄褐色，头顶至后颈棕有黑褐色纵纹，背和肩羽具黑褐色中心斑和栗红色羽缘及淡灰色尖端。眉纹白色，颊至胸黄褐色具黑褐色纵纹，其余下体白色，外侧尾羽纯白色。冬羽上体淡灰褐色具黑褐色纵纹。胸淡灰色，其余下体白色。栖息于有水边植物和灌木等隐蔽物的开阔湖滨和沙洲。主要以昆虫、昆虫幼虫、蠕虫、甲壳类和软体动物为食。营巢于水域附近地上。

在湖南省为旅鸟。种群数量非常稀少。仅分布于洞庭湖及周边湖泊、湿地，罕见。

cháng zhǐ bīn yù

长趾滨鹬

— 拉丁学名 *Calidris subminuta*

— 英 文 名 Long–toed Stint

涉禽，体长 13 ~ 15cm，体重 24 ~ 37g。嘴较细短，黑色。脚黄绿色，趾较长。多具白色眉纹。夏羽上体棕褐色，前额、头顶至后颈棕色具黑褐色细纵纹，背具粗的黑褐色斑和棕色及白色羽缘，下体白色，颈侧、胸侧淡棕褐色具黑色纵纹。冬羽上体较浅淡，胸侧和两胁淡棕褐色消失。栖息于有草本植物的水域岸边和沼泽地上。主要以昆虫、昆虫幼虫和软体动物为食，也吃小鱼和部分植物种子。营巢于水域附近植物丛中。

在湖南省为旅鸟。种群数量非常稀少。仅分布于洞庭湖及周边湖泊、湿地，罕见。

拉丁学名 *Calidris pugnax*

英文名 Ruff

liú sū yù

流苏鹬

雄

涉禽，体长 26～32cm，体重 95～232g。雌雄鸟的大小与羽色变化较大。雄鸟体大头小，嘴短而向下弯曲，颜色为黑褐色、橙色或黄色。脚较长，颜色多变。雌鸟上体通常为黑色，具淡色羽缘，胸和两胁具显著的黑色斑点。栖息于草地、稻田、耕地、河流、湖泊、沼泽和湿地上。主要以甲虫、蟋蟀、蚯蚓等小型无脊椎动物为食，也吃少量植物种子。营巢于有草的湖泊与河流岸边。

在湖南省为旅鸟。种群数量非常稀少。主要分布于洞庭湖及周边湖泊、湿地，罕见。

雌

— 拉丁学名 *Calidris ferruginea*

— 英 文 名 Curlew Sandpiper

wān zuǐ bīn yù

弯嘴滨鹬

冬羽

涉禽，体长19～23cm，体重44～102g。嘴较细长，明显的向下弯曲。夏羽雄鸟头、胸和前腹栗色。上体黑色，具暗栗色和白色羽缘。雌鸟体羽淡灰色。冬羽上体灰褐色，下体白色，颈侧和胸缀有黄褐色，眉纹白色。栖息于湖泊、河流、河口和附近沼泽地带。主要以甲壳类、软体动物、蠕虫和水生昆虫等为食。营巢于较干的土丘和小山坡上的草丛中。

在湖南省为旅鸟。种群数量非常稀少。仅分布于洞庭湖及周边湖泊、湿地，偶见。

夏羽

hēi fù bīn yù

黑腹滨鹬

— 拉丁学名 *Calidris alpina*

— 英 文 名 Dunlin

涉禽，体长 16～22cm，体重 40～83g。嘴黑色、较长，尖端微向下弯曲，脚黑色。夏羽背栗红色具黑色中央斑和白色羽缘。眉纹白色，下体白色，颊至胸有黑褐色细纵纹。腹中央黑色，呈大型黑斑。冬羽上体灰褐色，下体白色，腰和尾黑色，腰和尾的两侧为白色。栖息于冻原、高原和平原地区的湖泊、河流、水塘、河口等到水域岸边和附近沼泽与草地上。主要以甲壳类、软体动物、蠕虫、昆虫、昆虫幼虫等为食。营巢于苔原沼泽和湖泊岸边苔藓地上和草丛中。雏鸟早成性。

在湖南省为冬候鸟。种群数量较丰。主要分布于洞庭湖及周边湖泊、湿地，少见。

冬羽

冬羽

hóng jǐng bàn pǔ yù

红颈瓣蹼鹬

— 拉丁学名 *Phalaropus lobatus*

— 英 文 名 Red-necked Phalarope

涉禽，体长 18～21cm，体重 25～46g。雄鸟夏季头顶、后枕、后颈和上体暗褐色，具短的白色眉纹。前颈和上胸缀粉红皮黄色，上胸两侧暗褐色。其余下体白色。虹膜褐色。嘴细尖，黑色。脚短，趾具瓣蹼。冬羽：头主要为白色。从眼至眼后有一显著的黑色斑，头顶后部也有一暗色斑。后颈和上体灰色。胸侧和两胁上部缀有灰色。非繁殖期多在近海的浅水处栖息和活动。也出现在大的内陆湖泊、河流、水库、沼泽及河口地带。繁殖期则栖息于北极苔原和森林苔原地带的内陆淡水湖泊和水塘岸边及沼泽地上。主要以水生昆虫、昆虫幼虫、甲壳类和软体动物等无脊椎动物为食。营巢于湖泊和水塘附近潮湿的草地上或土丘上。

在湖南省为旅鸟。种群数量非常稀少。2015 年在西洞庭湖边上的一个垃圾填埋场见过一次。

（六）三趾鹑科

huáng jiǎo sān zhǐ chún

黄脚三趾鹑

拉丁学名 *Turnix tanki*

英 文 名 Yellow－legged Button guail

涉禽，体长 12 ~ 18cm，体重 35 ~ 120g。嘴黄色，前端偶为黑色，上体黑褐色而具栗色或棕色斑纹，呈黑色和栗色相杂状。胸和两胁浅棕黄色，并具黑褐色圆形点斑，脚淡黄色，仅具 3 趾。栖息于低山丘陵和山脚平原地带的灌丛、草地、沼泽中。主要以植物性食物为食，也吃昆虫和其他小型无脊椎动物。营巢于地上草丛中或黄豆地里。

在湖南省为留鸟。种群数量极为稀少。洞庭湖与壶瓶山偶有分布，罕见。

（七）燕鸻科

pǔ tōng yàn héng

普通燕鸻

拉丁学名 *Glareola maldivarum*

英文名 Oriental Pratincole

涉禽，体长20～28cm，体重53～101g。嘴短，黑色；基部较宽，红色；尖端较窄而向下曲。翼尖长。尾黑色，呈叉状。夏羽上体茶褐色，腰白色。喉乳黄白色，外缘黑色。颊、颈、胸黄褐色，腹白色。翼下覆羽棕红色。冬羽和夏羽相似，但嘴基无红色。喉斑淡褐色，外缘黑圈不明显。栖息于开阔平原地区的湖泊、河流、水塘、农田和沼泽地带。主要吃金龟子、蚱蜢、蝗虫等昆虫，也吃蟹、甲壳类等其他小型无脊椎动物。营巢于河流、湖泊岸边或附近沙土地上。

在湖南省为旅鸟。种群数量非常稀少。主要分布于洞庭湖及周边湖泊、湿地，偶见。

夏羽

冬羽

（八）鸥 科

hóng zuǐ ōu

红嘴鸥

拉丁学名 *Chroicocephalus ridibundus*

英 文 名 Black-headed Gull

游禽，体长 35～43cm，体重 210～374g，夏羽头和颈上部咖啡褐色，背、肩灰色，外侧初级飞羽上面白色，具黑色尖端，下面黑色。其余体羽白色。眼周白色。嘴细长，暗红色。冬羽头白色，眼后有一褐色斑。嘴鲜红色，先端略缀黑色。栖息于平原和低山丘陵的湖泊、河流、水库、河口、鱼塘和沿海沼泽地带。常成小群活动。以小鱼、虾、水生昆虫、甲壳类、软体动物等为食。通常营巢于湖泊、水塘、河流等水域岸边或水中小岛的草丛、芦苇丛中。雏鸟晚成性。

在湖南省为冬候鸟。种群数量较丰富。主要分布于洞庭湖及周边湖泊、湿地，易见。

夏羽

冬羽

第一冬亚成鸟

拉丁学名 *Larus crassirostris*

英 文 名 Black–tailed Gull

hēi wěi ōu

黑尾鸥

冬羽

夏羽

游禽，体长 43～51cm，体重 425～675g。嘴黄色，先端红色，其后有一黑带位于红黄二色之间。脚黄色。夏羽头、颈和下体白色，背深灰色。尾上覆羽和尾白色，具宽阔的黑色亚端斑。冬羽枕和后颈缀有灰褐色，飞翔时翅后缘白色。主要栖息于沿海海岸沙滩、悬岩、草地以及湖泊、河流和沼泽地带。以鱼类为食，也吃虾、软体动物和水生昆虫等。常成小群营巢，营巢于人迹罕至和难于到达的海岸悬崖峭壁岩石平台上，也营巢于内陆湖泊和沼泽地中的土丘上。雏鸟晚成性。

在湖南省为冬候鸟或旅鸟。种群数量稀少。仅分布于洞庭湖及周边湖泊、湿地，偶见。

拉丁学名 *Larus canus*

英 文 名 Mew Gull

pǔ tōng hǎi ōu

普通海鸥

冬羽

游禽，体长 45 ~ 51cm，体重 394 ~ 586g，嘴和脚黄色，夏羽头、颈和下体白色，背、肩和翅灰色。冬羽头至后颈有淡褐色斑点。飞翔时翼前后缘白色。初级飞羽末端黑色，且具白色端斑。腰、尾上覆羽和尾羽白色。栖息于海岸、河口、港湾与湖泊中。主要以小鱼、昆虫、甲壳类、软体动物等为食。通常营巢于内陆淡水或咸水湖泊、沼泽和河岸边上。

在湖南省为冬候鸟。种群数量较少。主要分布于洞庭湖及周边湖泊、湿地，偶见。

bĕi jí ōu

北极鸥

— 拉丁学名 *Larus hyperboreus*

— 英 文 名 Glaucous Gull

游禽，体长64～80cm，体重1221～2700g，夏羽嘴黄色，下嘴先端具红斑，脚粉红色，头、颈和下体白色，背和翅上面灰白色。飞羽具宽阔的白色尖端，腰和尾亦白色。冬羽头和上胸具橙褐色纵纹。幼鸟下嘴尖端黑色。主要栖息于海岸，偶尔进入内陆河流。主要以鱼、水生昆虫、甲壳类和软体动物为食。也吃雏鸟和鸟卵。营巢于临近海岸的河流与湖泊岸边和苔原地上。

在湖南省为旅鸟。种群数量非常稀少。主要分布于洞庭湖及周边湖泊、湿地，罕见。

xī bó lì yà yín ōu

西伯利亚银鸥

拉丁学名 *Larus Smithsonianus*

英文名 Siberian Gull

游禽，体长 55 ~ 73cm，体重 775 ~ 1775g，嘴黄色，下嘴尖端有一红斑。头、颈和下体白色，肩、背蓝灰色或鼠灰色，腰、尾上覆羽和尾白色，脚粉红色。飞行时翅前后缘白色，初级飞羽末端黑色，且具白色端斑。主要栖息于海岸及河口地区。主要以鱼和水生无脊椎动物为食。有时也偷吃鸟卵和雏鸟。通常营巢于海岸和海岛陡峭的悬崖上，也在湖边沙滩、湖心小岛和苔原地上营巢。

在湖南省为冬候鸟。种群数量非常稀少。主要分布于洞庭湖及周边湖泊、湿地，偶见。

冬羽

夏羽

huī bèi ōu

灰背鸥

— 拉丁学名 *Larus schistisagus*

— 英 文 名 Slaty-backed Gull

游禽，体长62～69cm，体重1170～1230g，嘴直，黄色，下嘴尖端有红色斑点。头、颈和下体白色，肩、背和翅黑灰色，腰、尾上覆羽和尾白色。腿更显粉红色。冬羽头和上胸有褐色纵纹，特别是眼周和后枕较密。栖息于内陆河流与湖泊。主要以死鱼和其他动物尸体为食。通常营巢于海岛和海岸悬岩上。

在湖南省为冬候鸟。种群数量非常稀少。仅分布于洞庭湖及周边湖泊、湿地，偶见。

bái é yàn ōu
白额燕鸥

— 拉丁学名 *Sternula albifrons*
— 英 文 名 Little Tern

游禽，体长 23 ~ 28cm，体重 40 ~ 108g。夏羽嘴黄色，尖端黑色，脚橙黄色，额白色，头顶至后颈黑色，贯眼纹黑色。上体淡灰色，尾上覆羽和尾羽为白色，尾呈深叉状。下体白色。冬羽嘴黑色，脚暗红色，头顶前部为白色而杂有黑色，仅后顶和枕全为黑色。栖息于内陆湖泊、河流、水库、沼泽以及沿海沼泽与水塘中。主要以小鱼、甲壳类、软体动物和昆虫等为食。营巢于海岸、岛屿、河流与湖泊裸露的沙地、沙石地或河漫滩上。

在湖南省为夏候鸟。种群数量非常稀少。仅分布于洞庭湖及周边湖泊、湿地，罕见。

pǔ tōng yàn ōu
普通燕鸥

— 拉丁学名 *Sterna hirundo*
— 英 文 名 Common Tern

夏羽

成鸟

游禽，体长 31～38cm，体重 92～122g。夏羽额、头顶至枕黑色，背蓝灰色，下体白色，胸以下灰色。外侧尾羽和初级飞羽外沿黑色。站立时尾尖与翅尖几相等。嘴红色，前端黑色，脚红色。冬羽前额、颊和下体白色。头顶前部白色，有黑色斑点。头顶后部和枕黑色，背鼠灰色，其余似夏羽。栖息于平原、草地、荒漠中的湖泊和沼泽地带，也出现于河口、海岸和沿海沼泽与水塘。以小鱼、虾、甲壳类、昆虫等小型动物为食。营巢于湖泊、河流和岛屿岸边以及沼泽与草地上。雏鸟晚成性。

在湖南省为夏候鸟。种群数量较少。主要分布于洞庭湖及周边湖泊、湿地，少见。

- 拉丁学名 *Chlidonias hybrida*
- 英 文 名 Whiskered Tern
- 别　　名 须浮鸥

huī chì fú ōu

灰翅浮鸥

夏羽

游禽，体长 23 ~ 28cm，体重 79 ~ 98g。夏羽额至头顶黑色，头的两边、颊、颈侧和喉白色，前颈和胸暗灰色，到腹和两胁则变为黑色。尾下覆羽白色，背至尾灰色。尾呈浅叉状。嘴红色，尖端黑色，脚红色。冬羽前额白色，头顶白色而具黑色纵纹，耳羽和贯眼纹黑色，上体淡灰色，下体白色。栖息于开阔平原湖泊、水库、河口、海岸和附近的沼泽地带。主要以小鱼、虾、水生昆虫等小型动物为食，也食部分水生植物。营巢于开阔的浅水湖泊和附近芦苇沼泽地上。

在湖南省为夏候鸟。种群数量较丰富。主要分布于洞庭湖及周边湖泊、湿地，易见。

亚成鸟

bái chì fú ōu

白翅浮鸥

— 拉丁学名 *Chlidonias leucopterus*

— 英文名 White-winged Tern

游禽，体长 20～26cm，体重 62～80g。夏羽嘴暗红色，脚红色。头、颈和下体黑色。翼灰色，翼上小覆羽白色，腰、尾亦白色，飞翔时除尾和翼有部分白色外，通体黑色。主要栖息于内陆河流、湖泊、沼泽、河口和水塘中。主要以小鱼、虾、昆虫、昆虫幼虫等水生动物为食，有时也在地上捕食蝗虫和其他昆虫。营巢于湖泊和沼泽中死的水生植物堆上。

在湖南省为夏候鸟。种群数量非常稀少。仅分布于洞庭湖及周边湖泊、湿地，罕见。

夏羽

夏羽

鹳形目
CICONIIFORMES

中至大型涉禽。雌雄羽色相同。嘴侧扁，直且长，呈圆锥状。眼先裸露，颈长而细。翅一般较长。尾短，脚长，胫下部裸出。多栖息于水边。以鱼、蛙、昆虫等动物性食物为食。多营巢于树上。雏鸟晚成性。中国有 1 科 7 种，本书收录湖南省该目鸟类 1 科 2 种。

鹳 科

hēi guàn
黑 鹳

— 拉丁学名 *Ciconia nigra*
— 英 文 名 Black stork
— 别 名 乌鹳

涉禽，体长 100 ~ 120cm，体重 2150 ~ 2747g。上体黑色，下体白色，嘴和脚红色。幼鸟头、颈和上胸褐色，颈和上胸具棕褐色斑点，上体包括两翅和尾黑褐色，具绿色和紫色光泽。嘴、脚褐灰色或橙红色。冬季主要栖息于开阔的湖泊、河岸和沼泽地带。以鱼为食，也吃蛙、虾、蜗牛、昆虫、软体动物、雏鸟等动物性食物 。营巢在森林中的河流两岸的悬崖峭壁上。常单独营巢。

在湖南省为冬候鸟。种群数量非常稀少。湘中以北的湖泊湿地均有分布，偶见。国家一级保护鸟类。

亚成鸟

成鸟

dōng fāng bái guàn

东方白鹳

— 拉丁学名 *Ciconia boyciana*

— 英 文 名 Oriental Stork

涉禽，体长 110～128cm，体重 3950～4350g。嘴粗而长，黑色；脚甚长，红色；胫下部裸露。站立时体羽白色，尾部黑色。冬季主要栖息于开阔的大型湖泊和沼泽地带。以鱼为食，也吃蛙、蛇、蜗牛、昆虫及其幼虫、雏鸟等动物性食物。巢区多选在没有干扰、食物丰富而又有稀疏树木的农田沼泽地带。常成对孤立的在柳树、杨树上营巢。

在湖南省为冬候鸟。种群数量极为稀少。洞庭湖及周边湖泊湿地有分布，偶见。国家一级保护鸟类。

乐 园

12 鲣鸟目 SULIFORMES

中至大型游禽。雌雄相似。嘴呈圆锥形，尖端多具钩，嘴缘有锯齿状缺刻，喉部有不同程度大小的皮肤囊，眼先裸露，翅较长，尾圆形或呈叉尾和楔尾。多栖息于海洋和大型湖泊。喜群居，善游泳。主要以鱼和软体动物为食。营巢于海岸和海岛上。雏鸟晚成性。中国有 3 科 11 种，本书收录湖南省该目鸟类 1 科 1 种。

鸬鹚科

pǔ tōng lú cí
普通鸬鹚

— 拉丁学名 *Phalacrocorax carbo*

— 英 文 名 Great Cormorant

— 别　　名 野鸬鹚

游禽，体长 72～87cm，体重 1990～2250g。通体黑色，头颈具紫绿色光泽，两肩和翅具青铜色光泽，嘴角和喉囊橙黄色，眼后下方白色。栖息于河流、湖泊、池塘、水库及沼泽地带。以各种鱼类为食。营巢于湖边、河边或沼泽中的树上。雏鸟晚成性。

在湖南省为冬候鸟，种群数量丰富。主要分布于湘中以北的大型湖泊，易见。

鹈形目
PELECANIFORMES

中至大型涉禽。雌雄羽色相同。嘴侧扁，直且长，呈匙状或圆锥状。眼先裸露，颈长而细。翅一般较长。尾短，脚长，胫下部裸出。多栖息于河流、湖泊、水库岸边、平原草地、牧场、低地水田和沼泽地上。以鱼、蛙、昆虫等动物性食物为食。多营巢于树上。雏鸟晚成性。中国有 3 科 35 种，本书收录湖南省该目鸟类 3 科 19 种。

（一）鹮 科

彩 鹮

cǎi huán

— 拉丁学名 *Plegudis falcinellus*

— 英 文 名 Glossy Lbis

涉禽，体长 49～66cm，体重 480～800g。嘴细长而向下弯曲，头被羽，通体主要为铜栗色而富有光泽，下背、翅和尾暗铜绿色。嘴黑色，脚绿黑色。栖息于浅水湖泊、河流、沼泽、水塘、湿草地、水田等淡水水域，常单独活动。主要以水生昆虫、昆虫幼虫、虾、甲壳类、软体动物等为食。营巢于厚密的芦苇丛中干地上或灌丛中，也置巢于低矮的树上。

在湖南省为夏候鸟。种群数量非常稀少。2013 年在长沙洋湖湿地公园和 2017 年在东洞庭湖见过。国家二级保护鸟类。

拉丁学名 *Platalea leucorodia*

英 文 名 Eurasian Spoonbill

bái pí lù

白琵鹭

涉禽，体长 74～95cm，体重 1940～2175g。嘴长而直，上下扁平，黑色。前端扩大成匙状，多为黄色。夏羽全身羽毛白色，枕部具橙黄色发丝状冠羽，前颈下部具橙黄色环带。冬羽头后无黄色冠羽，前颈无橙黄色颈环。栖息于开阔平原和山地丘陵地区的河流、湖泊、水库岸边及其浅水处，常成群活动。主要以虾、蟹、水生昆虫、蠕虫、甲壳类、软体动物、蛙、蜥蜴和小鱼等为食。营巢于干旱的芦苇丛中或树上和灌丛中，有时也置巢于地上。

在湖南省为冬候鸟。种群数量稀少。仅分布于洞庭湖及周边湿地，易见。国家二级保护鸟类。

拉丁学名 *Platalea minor*

英 文 名 Black－faced Spoonbill

hēi liǎn pí lù

黑脸琵鹭

涉禽，体长 60～78cm，体重 1500～1800g。嘴长而直，黑色，上下扁平，先端扩大成匙状。额、喉、脸、眼周和眼先全为黑色，且与嘴之黑色融为一体。栖息于内陆湖泊、水塘、河口和海边芦苇沼泽地带。主要以小鱼、虾、蟹、昆虫、昆虫幼虫以及软体动物等为食。营巢于水边悬崖上或水中小岛上。

在湖南省为冬候鸟。种群数量极为稀少。仅分布于洞庭湖，罕见。国家二级保护鸟类。

（二）鹭科

dà má jiān
大麻鳽

拉丁学名 *Botaurus stellaris*
英文名 Eurasian Bittern
别　名 水骆驼

涉禽，体长 59 ~ 77cm，体重 900 ~ 1350 g。头黑褐色；背黄褐色，具粗着的黑褐色斑点；下体淡黄褐色，具粗的黑褐色纵纹；嘴黄褐色；脚黄绿色。栖息于河流、湖泊、池塘边的芦苇丛、草丛中。以鱼、虾、蛙、蟹、螺、水生昆虫等动物性食物为食。通常置巢于沼泽和水边芦苇丛或草丛中，也在灌木丛中或灌木下营巢。

在湖南省多为冬候鸟。种群数量稀少。仅分布于洞庭湖及周边湿地，偶见。

huáng bān wěi jiān

黄斑苇鳽

— 拉丁学名 *Ixobrychus sinensis*

— 英文名 Yellow Bittern

— 别　　名 小水骆驼

涉禽，体长29～38cm，体重52～103g。雄鸟头顶铅黑色，后颈和背黄褐色，腹和翅覆羽土黄色，飞羽和尾羽黑色。雌鸟头顶为栗褐色，背和胸有褐色或暗褐色纵纹。栖息于富有水边植物的湖泊、池塘中。以小鱼、虾、蛙、水生昆虫等动物性食物为食。营巢于浅水芦苇丛和蒲草丛中。

在湖南省多为夏候鸟。种群数量稀少。湘中以北均有分布，少见。

雄

雌

zǐ bèi wěi jiān

紫背苇鳽

拉丁学名 *Ixobrychus eurhythmus*

英 文 名 Von Schrenck's Bittern

涉禽，体长 29 ~ 39cm，体重 123 ~ 160g。雄鸟头顶暗栗褐色，其余上体紫栗色，腹面淡土黄色，从喉至胸有一栗褐色纵线。飞羽黑色、翅覆羽灰黄色，飞翔时与黑色飞羽、紫栗色上体形成鲜明对比；雌鸟从头顶至背紫栗色，但背部有细小的白色斑点。栖息于开阔平原草地上、富有岸边植物的河流湿地、水塘和沼泽地上。主要以小鱼、虾、蛙等动物性食物为食。营巢于植物和灌木茂盛的湿草地和沼泽地上。

在湖南省为冬候鸟。种群数量非常稀少。分布于洞庭湖及周边湖泊湿地，偶见。

雌

雄

lì wěi jiān

栗苇鳽

拉丁学名 *Ixobrychus cinnamomeus*

英文名 Cinnamon Bittern

涉禽，体长 30 ~ 38cm，体重 125 ~ 170g。雄鸟上体从头顶至尾包括两翅飞羽和覆羽全为同一的栗红色，下体淡红褐色，喉至胸有一褐色纵线，胸侧缀有黑白色斑点。雌鸟头顶暗栗红色，背面暗红褐色，杂有白色斑点，腹面土黄色，从颈至胸有数条黑褐色纵纹。栖息于芦苇沼泽、水塘、溪流和水稻田中。夜行性。主要以小鱼、黄鳝、蛙和昆虫为食，也吃少量植物性食物。营巢于沼泽、湖边、水塘和水稻田边的芦苇丛和灌丛中。

在湖南省为夏候鸟。种群数量非常稀少。仅分布于洞庭湖及周边湿地，偶见。

雄

雌

拉丁学名 *Ixobrychus flavicollis*
英文名 Black Bittern

hēi wěi jiān
黑苇鳽

雄

涉禽，体长 49 ~ 59cm，体重 200 ~ 360g。雄鸟头至尾蓝黑色，喉、胸、前颈和颈侧为橙黄色，有黑褐色纵纹。胸以下黑色。雌鸟上体羽色暗褐无光泽，头两边、眼下栗色，颏、喉和前颈白色且具棕色或黑褐色羽端斑。栖息于溪边、湖泊、水塘沼泽、水稻田和竹丛中。以小鱼、泥鳅、虾和水生昆虫等为食。营巢于水域岸边、沼泽地上和芦苇丛中。

在湖南省为夏候鸟。种群数量非常稀少。仅分布于洞庭湖及周边湿地，偶见。

雌

hǎi nán jiān

海南鳽

— 拉丁学名 *Gorsachius magnificus*

— 英 文 名 White – eared Night Heron

涉禽，体长 54 ~ 60 cm，体重 540 ~ 605 g 。嘴较粗短，黑色，嘴基和眼先绿色。上体暗灰褐色，头顶和羽冠黑色，飞羽石板灰色。眼后有一白色条纹和黑色耳羽。下体白色，具褐色鳞状斑，脚绿色。栖息于亚热带高山密林中的山沟河谷和其他水域。夜行性，白天多隐藏在密林中，早晚出来活动和觅食。食物主要为各种小鱼、蛙、昆虫等动物性食物。它有非常特殊的生活习性，一是不喜群居，二是不喜鸣叫，就像幽灵一样，毫无声息地飞来飞去，给人一种“神秘”的感觉。非常怕生，极易受惊吓。繁殖尚无研究。

在湖南省为夏候鸟。种群数量非常稀少。浏阳市、平江县、安化县、中方县和通道侗族自治县等地偶有发现，偶见。国家二级保护动物。

拉丁学名 *Nycticorax nycticorax*

英文名 Black–Crowned Night Heron

别　名 黑哇、夜老哇

yè lù

夜鹭

亚成鸟

成鸟

涉禽，体长 46～60cm，体重 500～685g。嘴尖细，微向下曲，黑色。眼红色。脚和趾黄色。成鸟头顶至背黑绿色而具金属光泽。上体余部灰色，下体白色。枕部披有 2～3 枚长带状白色饰羽，下垂至背上。幼鸟上体暗褐色，缀有淡棕色羽干纹和白色或棕白色星状端斑。下体白色而满缀以暗褐色细纵纹。栖息和活动于溪流、水塘、江河、沼泽和水田上。夜出性，喜结群。以鱼、蛙、虾、水生昆虫等动物性食物为食。通常营巢于各种高大的树上，常成群在一起营群巢。

在湖南省部分为留鸟，部分为夏候鸟。种群数量较丰富。全省各地均有分布，易见。

lù lù
绿 鹭

拉丁学名 *Butorides striata*

英 文 名 Striated Heron

亚成鸟

涉禽，体长 38～48cm，体重 254～300g。头顶和冠羽黑色且具绿色金属光泽，颈和上体灰绿色，颏、喉白色。幼鸟背面较暗，为暗褐色，翅有白色斑点，下体皮黄白色，有黑褐色纵形斑点。栖息于有树木和灌丛的河流岸边。以鱼为食，也吃蛙、虾、水生昆虫和软体动物。营巢于柳树树冠部较为隐蔽的树杈上。

在湖南省为夏候鸟。种群数量较少。全省各地均有分布，少见。

成鸟

chí lù

池 鹭

拉丁学名 *Ardeola bacchus*

英 文 名 Chinese Pond Heron

冬羽

涉禽，体长 37～54cm，体重 270～320g。嘴粗直而尖，黄色，尖端黑色，基部蓝色，脚橙黄色或绿色。夏羽头、后颈、颈侧和胸红栗色。冬羽头、颈和胸白色，具暗褐色纵纹，背暗褐色，翅白色。栖息于稻田、池塘、湖泊、水库和沼泽湿地等水域。以小鱼、虾、蛙和蚱蜢、蝗虫、蝇类等昆虫及幼虫为食，也吃少量植物性食物。营巢于水域附近高大树木的树梢上，常成群营群巢。

在湖南省为夏候鸟。种群数量丰富。全省各地均有分布，易见。

夏羽

niú bèi lù

牛背鹭

拉丁学名 *Bubulcus ibis*

英文名 Cattle Egret

涉禽，体长46~55cm，体重300~500g。嘴橙黄色，脚黑褐色。夏羽头、颈和背中央的饰羽橙黄色，其余白色。虹膜、嘴和眼先短期呈亮红色。冬羽全身白色，无饰羽。飞行时头缩到背上，颈向下突出，像一个大的喉囊，身体呈驼背状。栖息于平原草地、牧场、湖泊、水库、低地水田、旱田和沼泽地上，常随牛群活动。主要以蝗虫、蚂蚱、蟋蟀、蝼蛄、螽斯、牛蝇、金龟子、地老虎等昆虫为食。营巢于树上或竹林上，常成群营群巢。

在湖南省为夏候鸟。种群数量较丰富。湘中以北均有分布，易见。

冬羽

夏羽

拉丁学名 *Ardea cinerea*
英 文 名 Grey Heron
别　　名 老等、青庄

cāng lù
苍 鹭

涉禽，体长 75～110cm，体重 900～2300g。上体灰色，下体白色，头和颈亦白色。头顶有两条若辫子状的黑色冠羽，前颈有 2～3 列纵行黑斑，体侧有大型黑色块斑。栖息于江河、湖泊、水塘等岸边及浅水处。主要以小型鱼类、泥鳅、虾和昆虫等食物为食，有“长勃老等”之称。营巢于水域附近的树上或芦苇与水草丛中。

在湖南省多为冬候鸟，也有在湖南省繁殖的。种群数量较少。全省各地均有分布，少见。

cǎo lù
草 鹭

拉丁学名 *Ardea purpurea*

英 文 名 Purple Herom

涉禽，体长 83 ~ 97cm，体重 775 ~ 1250g。繁殖羽头顶蓝黑色，枕部有两枚黑灰色饰羽，悬垂如辫子。颈黄栗色，两侧有蓝黑色纵纹。上体暗褐色，背和两肩披棕栗色蓑状长羽。胸、腹中央铅黑色，两侧棕栗色。非繁殖羽额、头顶黑色，无羽冠，颈赤褐色，前颈密布暗褐色纵纹。背、肩和翅上覆羽暗褐色，具宽的赤褐色羽缘，胸黄褐色，具暗褐色纵纹。栖息于湖泊、河流、沼泽、水塘岸边及浅水处。以小鱼、蛙、甲壳类等动物性食物为食。营巢于富有芦苇和挺水植物的湖泊、沼泽中。

在湖南省多为冬候鸟，也有在湖南省繁殖的。种群数量非常稀少。仅分布在洞庭湖及周边湖泊，偶见。

冬羽

夏羽

拉丁学名 *Ardea alba*
英 文 名 Great Egret
别　　名 白长脚鹭鸶、冬庄

dà bái lù
大白鹭

夏羽

涉禽，体长82～100cm，体重1000g左右。嘴、颈和脚均甚长，体形纤细。夏羽背及前颈下部具长的蓑羽，嘴黑色，眼先蓝绿色，下腿略呈淡粉红色，跗跖和趾黑色。冬羽嘴和眼先黄色，无饰羽。栖息于开阔平原和山地丘陵地区的河流、湖泊、水田、河口及沼泽地带。以直翅目、双翅目昆虫和甲壳类、软体动物、水生昆虫以及小鱼、蛙、蝌蚪等动物性食物为食。营巢于高大的树上或芦苇丛中，多集群营群巢。

在湖南省部分为夏候鸟，部分为留鸟。种群数量稀少。分布于洞庭湖及周边湖泊湿地，少见。

冬羽

— 拉丁学名　*Ardea intermedia*
— 英 文 名　Intermediate Egret
— 别　　名　春锄

zhōng bái lù
中白鹭

冬羽

涉禽，体长 62 ~ 70cm。全身白色，眼先黄色，脚和趾黑色。夏羽背和前颈下部有长的披针形饰羽，嘴黑色，繁殖期眼红色；冬羽背和前颈变短或无饰羽，嘴黄色，先端黑色。栖息和活动于河流、湖泊、河口、水塘岸边浅水处及河滩上。以鱼、虾、蛙、蝗虫、蝼蛄等水生和陆生昆虫及昆虫幼虫为食。成群或与其他鹭在一起营群巢于树林或竹林内。

在湖南省为夏候鸟。种群数量稀少。湘中以北均有分布，少见。

夏羽

bái lù

白鹭

— 拉丁学名 *Egretta garzetta*

— 英 文 名 Little Egret

— 别 名 白鹭鸶、鹭鸶子

涉禽，体长52～68cm，体重350～540g。嘴、脚较长，黑色，趾黄绿色，颈甚长，全身白色。夏羽枕部着生两根狭长而软的矛状羽，背和前颈着生蓑羽，繁殖期眼先裸出部分粉红色。冬羽枕部矛状羽，背、前颈之蓑羽消失或残留少许，眼先裸出部分黄绿色。栖息于平原丘陵和低海拔之湖泊、溪流、水塘、河口、沼泽地带。喜结群，较大胆。以各种小鱼、黄鳝、泥鳅、虾、蜻蜓幼虫、蝼蛄、蚂蚁等动物性食物为食。通常结群营巢于高大的树上。

在湖南省多为夏候鸟，部分为留鸟。种群数量丰富。全省各地均有分布，易见。

冬羽

夏羽

（三）鹈鹕科

juǎn yǔ tí hú

卷羽鹈鹕

— 拉丁学名 *Pelecanus crispus*
— 英 文 名 Dalmatian Pelican
— 别 名 塘鹅

游禽，体长 160 ~ 180cm，体重 3400 ~ 5200g。体羽灰白，头上冠羽呈散乱的卷曲状。嘴铅灰色，嘴尖和上下嘴缘前半段为黄色。非繁殖期眼周裸露皮肤为淡黄色或肉色，繁殖期为橙红色。喉囊为橙红色。脚为灰色或铅色。栖息于江河、湖泊、沼泽地带。主要以鱼类为食，也吃两栖类、甲壳类等。营巢于内陆湖泊边缘芦苇丛和沼泽地带树上。

在湖南省为冬候鸟，种群数量极为稀少。仅分布于洞庭湖，罕见。国家二级保护鸟类。

冬羽

鹰形目
ACCIPITRIFORMES

猛禽。嘴强健，尖端向下弯曲成钩状，极为锋利。嘴基部有蜡膜，鼻孔位于腊膜上，裸露无羽。翅强健有力。体羽多为暗灰色或暗褐色。趾上布满刺状鳞或具锐利而弯曲的爪。栖息于高山、田野、森林、荒原、沼泽、江河、湖泊等各类生境。食物主要为野兔、鼠类和鱼类等动物。多营巢于悬崖峭壁、树上或草丛中。中国有 2 科 56 种，本书收录湖南省该目鸟类 2 科 24 种。

（一）鹗 科

è
鹗

— 拉丁学名 *Pandion halinetus*

— 英 文 名 Osprey

猛禽，体长 51 ~ 65cm，体重 1000 ~ 1750g。上体暗褐色，头白色，头顶具黑褐色纵横，头侧有一条宽阔的黑带从前额基部经过眼到后颈。下体白色，胸具赤褐色斑纹。栖息和活动于湖泊、河流、海岸等水域地带。主要以鱼为食，也吃蛙、蜥蜴和小型小鸟等动物。通常营巢于水边树上，也在水边悬岩和岩石上营巢。雏鸟晚成性。

在湖南省为旅鸟。种群数量极为稀少。洞庭湖偶有分布，罕见。国家二级保护鸟类。

（二）鹰　科

fèng tóu fēng yīng

凤头蜂鹰

拉丁学名　*Pernis ptilorhynchus*

英 文 名　Oriental Honey Buzzard

猛禽，体长50~66cm，体重1000~1800g。雄鸟头侧具短而硬的鳞片状羽，且较厚密。头后枕部通常具短的羽冠。上体通常为黑褐色，头侧灰色，喉白色，具显著的黑色中央纹。胸棕褐色，具白色纵纹，其余下体白色，具窄的棕褐色横斑。尾灰色或白色，具黑色端斑，基部有两条黑色横带。雌鸟通体黑褐色，上体较深，下体较淡，体形显著大于雄鸟。栖息于2000m以下的山地森林和山脚林缘地带。日出性。主要以蛙、蜥蜴、鼠类和昆虫等动物性食物为食。营巢于高大树上。

在湖南省属旅鸟。种群数量非常稀少。全省各地均有分布，罕见。国家二级保护鸟类。

hēi guàn juān sǔn
黑冠鹃隼

拉丁学名 *Aviceda leuphotes*

英 文 名 Black Baza

猛禽，体长 30 ~ 33cm，体重 178 ~ 217 克。上体蓝黑色，具长而竖直的冠羽，翅和肩具白斑，喉和颈黑色，上胸具一宽阔的星月形白斑，下胸和腹侧具宽的白色和栗色横斑。栖息于山脚平原、低山丘陵地带，也出现于村庄和林缘田间地带。主要以蝗虫、蚱蜢、蝉、蚂蚁等昆虫为食。营巢于森林中的河流岸边或邻近的高大树上。

在湖南省属夏候鸟。种群数量非常稀少。全省各地均有分布，偶见。国家二级保护鸟类。

拉丁学名 *Spilornis cheela*

英 文 名 Crested Serpent Eagle

shé diāo

蛇 雕

猛禽，体长 55 ~ 73cm，体重 1150 ~ 1700g。上体暗褐色或灰褐色，具窄的白色羽缘。头顶黑色，具显著的黑色扇形冠羽，其上被有白色横斑，尾上覆羽具白色尖端，尾黑色，中间具一宽阔的灰白色横带和窄的白色端斑。喉、胸灰褐色或黑色，具暗色虫蠹状斑，其余下体皮黄白色或棕褐色，具白色细斑点。栖息于山地森林及其林缘开阔地带。主要以各种蛇类为食，也吃鸟类、鼠类、蛙和甲壳类动物。营巢于森林中大树顶端的枝杈上。

在湖南省为留鸟。种群数量极为稀少。全省各地均有分布，以罗霄山脉较多，偶见。国家二级保护鸟类。

wū diāo

乌 雕

拉丁学名 *Clanga clanga*

英文名 Greater spotted Eagle

猛禽，体长61～74cm，体重1310～2100g。成鸟通体暗褐色，颏部、喉部和胸部为黑褐色，其余下体稍淡，尾上覆羽白色或仅羽端白色，尾短而圆。栖息于河流、湖泊和沼泽地带的疏林和平原森林中。主要以野兔、鼠类、蛇、蛙、鱼和鸟类等动物性食物为食，也吃动物尸体大的昆虫。营巢于森林中松树、槲树等高大的乔木上。

在湖南省为冬候鸟。种群数量非常稀少。洞庭湖偶有分布，罕见。国家二级保护鸟类。

cǎo yuán diāo

草原雕

— 拉丁学名　*Aquila nipalensis*

— 英 文 名　Steppe Eagle

猛禽，体长 70 ~ 82cm，体重 2015 ~ 2900g。体羽以褐色为主，上体土褐色，头顶较暗浓。飞羽黑褐色，杂以较暗的横斑，外侧初级飞羽内基部具褐色与污白色相间的横斑；内侧初级飞羽及次级飞羽的尖端具三角形棕白斑；下体暗土褐色，胸、上腹及两胁杂以棕色纵纹；尾下覆淡棕色，杂以褐斑。头显得较小而突出，两翼较长，飞行时两翼平直，滑翔时两翼略弯曲。主要栖息于树木繁茂的开阔平原、草地、荒漠和低山丘陵地带的荒原草地。主要以黄鼠、跳鼠、沙土鼠、鼠兔、旱獭、野兔、沙蜥、草蜥、蛇和鸟类等小型脊椎动物和昆虫为食，有时也吃动物尸体和腐肉。营巢于悬崖上或山顶岩石堆中，也营巢于地面上、土堆上、干草堆或者小山坡上。

在湖南省为旅鸟。种群数量非常稀少。湘北山地有分布，偶见。国家二级保护鸟类。

jīn diāo

金 雕

拉丁学名 *Aquila chrysaetos*

英 文 名 Golden Eagle

猛禽，体长 78 ~ 105cm，体重 2000 ~ 5900g。头顶黑褐色，后头至后颈羽毛尖长，呈金黄色。上体暗褐色；下体颏、喉、前颈、黑胸和腹褐色；尾上覆羽淡褐色，尖端近黑褐色；覆腿羽具赤色纵纹。高空翱翔时，两翅上举成“V”字形。虹膜栗褐色，嘴端部黑色，基部蓝褐色或蓝灰色，蜡膜和趾黄色，爪黑色。栖息于高山草原、荒漠、河谷，特别是高山针叶林中。主要以雉鸡类、松鼠、狍子、鹿、山羊、狐狸、旱獭、野兔、鼠类等动物性食物为食。也吃动物尸体。营巢于针叶林、针阔混交林或疏林内高大的红松、落叶松、杨树及柞树等乔木之上。

在湖南省为冬候鸟。种群数量非常稀少。全省各地偶有分布，以武陵山脉为多，偶见。国家一级保护鸟类。

拉丁学名 *Aquila fasciata*

英 文 名 Bonelli's Eagle

bái fù sǔn diāo

白腹隼雕

猛禽，体长 70 ~ 73cm，体重 1500 ~ 2525g。上体暗褐色，头顶和后颈呈棕褐色。颈侧和肩部的羽缘灰白色，飞羽为灰褐色，内侧的羽片上有呈云状的白斑。灰色的尾羽较长，上面具有 7 道不甚明显的黑褐色波浪形斑和宽阔的黑色亚端斑。下体白色，沾有淡栗褐色。飞翔时翼下覆羽黑色，飞羽下面白色而具波浪形暗色横斑。繁殖季节主要栖息于低山丘陵和山地森林中的悬崖和河谷岸边的岩石上，非繁殖期常沿着海岸、河谷进入到山脚平原、沼泽，甚至半荒漠地区。寒冷季节常到开阔地区游荡。主要以鼠类、水鸟、鸡类、岩鸽、斑鸠、鸦类和其他中小型鸟类为食，也吃野兔、爬行类和大的昆虫。营巢于河谷岸边的悬崖上或树上。

在湖南省为留鸟。种群数量非常稀少。湘北壶瓶山等山地有分布，偶见。国家二级保护鸟类。

fèng tóu yīng

凤头鹰

— 拉丁学名 *Accipiter trivirgatus*

— 英 文 名 Grested Goshawk

猛禽，体长41～49cm，体重360～530g。头前额至后颈鼠灰色，具显著的与头同色冠羽，其余上体褐色，尾具4道宽阔的暗色横斑。喉白色，具显著的黑色中央纹；胸棕褐色，具白色纵纹，其余下体白色，具窄的棕褐色横斑；尾下覆羽白色；飞翔时翅短圆，后缘突出，翼下飞羽具数条宽阔的黑色横带。通常栖息在2000m以下的山地森林和山脚林缘地带，也出现在竹林和小面积丛林地带，偶尔也到山脚平原和村庄附近活动。主要以蛙、蜥蜴、鼠类、昆虫等动物性食物为食，也吃鸟和小型哺乳动物。营巢于针叶林或阔叶林中高大的树上，距地高6～30m。

在湖南省为留鸟。种群数量极为稀少。湘北壶瓶山等山区有分布，偶见。国家二级保护鸟类。

- 拉丁学名 *Accipiter soloensis*
- 英 文 名 Chinese Sparrowhawk
- 别 名 鸽子鹰

chì fù yīng 赤腹鹰

猛禽，体长 26 ~ 36cm，体重 108 ~ 132g。雄鸟头至背蓝灰色，翼和尾灰褐色，外侧尾羽有 4 ~ 5 条暗色横斑。颏、喉乳白色，胸和两胁淡红褐色，下胸具少数不明显的横斑，腹中央和尾下覆羽白色。雌鸟眼睛为橙黄色，体色稍深，胸棕色较浓，且有较多的灰色横斑。栖息于山地森林和林缘地带。主要以蛙、蜥蜴等动物性食物为食，也吃小型鸟类、鼠类和昆虫。营巢于树上。

在湖南省属夏候鸟。种群数量非常稀少。全省各地均有分布，偶见。国家二级保护鸟类。

雌

雄

rì běn sōng què yīng

日本松雀鹰

拉丁学名 *Accipiter gularis*

英文名 Japanese Sparrow hawk

别　名 松子（雄）、摆胸（雌）

猛禽，体长 25 ~ 34cm，体重 75 ~ 173g。雄鸟上体和翅表面石板灰色，喉部中央黑纹较细窄，翅下覆羽白色具灰色斑点，腋羽白色具灰色横斑，虹膜深红色。雌鸟上体褐色，下体白色具较粗的褐色横斑，虹膜黄色。栖息于山地针叶林和混交林中。主要以小型鸟类为食，也吃昆虫、蜥蜴等动物性食物。营巢于茂密的山地森林和林缘地带的高大树上。

在湖南省为冬候鸟。种群数量非常稀少。全省各地均有分布，偶见。国家二级保护鸟类。

雌或亚成鸟

雄

sōng què yīng

松雀鹰

拉丁学名 *Accipiter virgatus*

英 文 名 Besra

猛禽，体长 28 ~ 38cm，体重 160 ~ 192g。雄鸟上体黑灰色，喉白色，喉中央有一条宽阔而粗著的黑色中央纹，其余下体白色或灰白色，具褐色或棕红色斑，尾具 4 道暗色横斑。雌鸟个体较大，上体暗褐色，下体白色具暗褐色或赤褐色横斑。栖息于茂密的针叶林和常绿阔叶林以及开阔的林缘疏林地带。主要以各种小鸟为食，也吃蜥蜴、蝗虫、蚱蜢和鼠类。营巢于森林中枝叶茂盛的高大树木上部。

在湖南省为留鸟。种群数量非常稀少。除洞庭湖以外全省各地均有分布，偶见。国家二级保护鸟类。

雄

拉丁学名 *Accipiter nisus*

英 文 名 Eurasian Sparrow hawk

别　　名 细胸（雄）、鹞子（雌）

què yīng
雀 鹰

雌

雄

猛禽，体长 30 ~ 41cm，体重 130 ~ 300g。雄鸟头、背青灰色，眉纹白色，喉布满褐色纵纹，下体具细密的红褐色横斑。雌鸟上体灰褐色，头后杂有少许白色，眉纹白色，喉具褐色细纵纹，无中央纹。下体白色或淡灰白色具褐色横斑，尾具 4 ~ 5 道黑褐色横斑。幼鸟头顶至后颈栗褐色，喉黄白色，具黑褐色羽干纹，胸具斑点状纵纹，胸以下具黄褐色或褐色横斑。栖息于针叶林、混交林和阔叶林等山地森林和林缘地带。主要以小鸟、鼠类和昆虫等为食。营巢于森林中的树上。

在湖南省为留鸟。种群数量非常稀少。全省各地均有分布，偶见。国家二级保护鸟类。

亚成鸟

cāng yīng
苍 鹰

拉丁学名 *Accipiter gentilis*

英 文 名 Northern Goshawk

别　　名 鸡鹰（雄）、大鹰（雌）

猛禽，体长 46～60cm，体重 500～1100g。成鸟上体深苍灰色，后颈杂有白色细纹，眉纹灰白色，颏、喉和前颈具黑褐色细纵纹，下体污白色，胸、腹部满布暗灰褐色纤细横斑。尾略长，呈方形，有 4 条黑色横带。尾下覆羽白色。幼鸟黄褐色，下体具深色的粗纵纹。栖息于不同海拔高度的针叶林、混交林和阔叶林等森林地带。性机警。主要以森林鼠类、野兔和小型小鸟等动物性食物为食。营巢于森林中高大的乔木上。

在湖南省为冬候鸟。种群数量非常稀少。全省各地均有分布，偶见。国家二级保护鸟类。

成鸟

亚成鸟

bái tóu yào
白头鹞

拉丁学名 *Circus aeruginosus*

英 文 名 Western Marsh Harrier

猛禽，体长 48 ~ 60cm，体重 530 ~ 740g。雄鸟上体栗褐色，头顶至后颈棕皮黄色或皮黄白色，翅和尾灰色，翅尖黑色。上胸棕色，下胸皮黄色，胸具锈色纵纹，腹栗色。雌鸟暗褐色，头顶至后颈和喉皮黄白色，飞羽和尾羽暗褐色。栖息于沼泽、江河、湖泊和芦苇塘等较潮湿而开阔的地方。主要以小型鸟类、鼠类、蛙和大型昆虫等为食。营巢于芦苇丛中地上。

在湖南省为冬候鸟。种群数量极为稀少。湘北地区偶有分布，偶见。国家二级保护鸟类。

bái fù yào

白腹鹞

拉丁学名 *Circus spilonotus*

英 文 名 Eastern Marsh Harrier

猛禽，体长 50 ~ 60cm，体重 490 ~ 780g。雄鸟头顶至背白色，具宽阔的黑褐色纵纹。上体黑褐色，具污灰白色斑点，外侧覆羽和飞羽银灰色，初级飞羽黑色，尾上覆羽白色，尾银灰色，下体近白色，微缀皮黄色，喉和胸具黑褐色纵纹。雌鸟暗褐色，头顶至后颈皮黄白色，具锈色纵纹，飞羽暗褐色，尾羽黑褐色。栖息于沼泽、江河、湖泊和芦苇塘等较潮湿而开阔的地方。主要以小型鸟类、鼠类、蛙和大型昆虫等为食。营巢于芦苇丛中地上。

在湖南省为冬候鸟。种群数量极为稀少。湘北地区偶有分布，偶见。国家二级保护鸟类。

雌

雄

bái wěi yào

白尾鹞

— 拉丁学名 *Circus cyaneus*

— 英 文 名 Hen Harrier

— 别　　名 白尾巴根子

猛禽，体长 41～53cm，体重 310～600g。雄鸟上体蓝灰色，头和胸较暗，翅尖黑色，尾上覆羽白色，腹、两胁和翅下覆羽白色。雌鸟上体暗褐色，尾上覆羽白色，下体皮黄白色或棕黄褐色，杂以粗的红褐色或暗棕褐色纵纹。栖息于湖泊、沼泽、荒野以及农田、芦苇塘等开阔地区。主要以小型鸟类、鼠类、蛙和大型昆虫等动物性食物为食。营巢于枯芦苇丛、草丛或灌丛中地上。

在湖南省为冬候鸟。种群数量极为稀少。全省各地偶有分布，偶见。国家二级保护鸟类。

— 雌

— 雄

què yào
鹊 鹞

— 拉丁学名 *Circus melanoleucos*
— 英 文 名 Pied Harrier

猛禽，体长 42～48cm，体重 250～380g。雄鸟头、颈、背和胸黑色，尾上覆羽白色，尾灰色，翅上有白斑，下胸至尾下覆羽和腋羽白色。雌鸟上体暗褐色，下体白色杂有黑褐色纵纹。栖息于开阔的低山丘陵和山脚平原、草地、旷野、沼泽、林缘等地。主要以小鸟、鼠类、林蛙和昆虫等动物性食物为食。营巢于疏林中灌丛草甸的塔头草墩上或地上。

在湖南省为冬候鸟。种群数量极为稀少。湘北地区偶有分布，偶见。国家二级保护鸟类。

雌

雄

yuān yuān
黑 鸢

拉丁学名 *Milvus migrans*
英文名 Black Kite
别 名 鸢、鹰、老鹰

猛禽，体长 54～69cm，体重 900～1160g。上体暗褐色，下体棕褐色，均具黑褐色羽干纹，尾较长，呈叉状，具宽度相等的黑色和褐色相间排列的横斑；飞翔时翼下左右各有一块大的白斑。栖息于开阔平原、草地、荒原和低山丘陵地带。性机警。以小鸟、鼠类、蛇、蛙、鱼、野兔、昆虫等动物性食物为食。营巢于高大的树上，距地 10m 以上。雏鸟晚成性。

在湖南省属留鸟。种群数量非常稀少。全省各地均有分布，偶见。国家二级保护鸟类。

拉丁学名 *Haliaeetus albicilla*

英 文 名 White－tailed Sea Eagle

bái wěi hǎi diāo

白尾海雕

猛禽，体长 84～91cm，体重 2800～4600g。成鸟多为暗褐色，后颈和胸部羽毛为披针形，较长，头、颈羽色较淡，沙褐色或淡黄褐色，嘴、脚黄色，尾白色，呈楔形。栖息于河流、湖泊和岛屿等地。主要以鱼为食，也捕食鸟类和中小型哺乳动物。营巢于湖边、河岸附近的高大树上。

在湖南省为冬候鸟。种群数量极为稀少。洞庭湖偶有分布，现已多年未见。国家一级保护鸟类。

huī liǎn kuáng yīng

灰脸鵟鹰

— 拉丁学名 *Butastur indicus*

— 英 文 名 Grey-faced Buzzard

猛禽，体长 39 ~ 46cm，体重 375 ~ 500g。上体暗褐沾棕，翅上覆羽棕褐色，尾灰褐色，具 3 道宽的黑褐色横斑，脸颊和耳区灰色。喉白色，具宽的黑褐色中央纵纹，胸以下白色，具密的棕褐色横斑，虹膜黄色。栖息于林缘、山地丘陵、草地和农田等地。主要以小型蛇类、蛙、野兔等动物性食物为食，也吃大的昆虫和动物尸体。通常营巢于阔叶林或混交林中靠河岸的树上。

在湖南省为冬候鸟。种群数量非常稀少。偶见于壶瓶山。国家二级保护鸟类。

大 鵟
dà kuáng

拉丁学名 *Buteo hemilasius*

英 文 名 Upland Buzzard

别　　名 大花豹

猛禽，体长 56 ~ 71cm，体重 1320 ~ 2100g。上体多为暗褐色，下体白色至棕黄色而具暗色斑纹，或全身皆为暗褐色或黑褐色，尾具 3 ~ 11 条暗色横斑。栖息于山地和山脚平原与草原地区。主要以鼠类、蛙、蛇和昆虫为食。通常营巢于悬崖峭壁上或树上。

在湖南省为冬候鸟。种群数量非常稀少。湘北地区偶有分布，罕见。国家二级保护鸟类。

pǔ tōng kuáng
普 通 鵟

拉丁学名 *Buteo japonicus*
英 文 名 Eastern Buzzard
别　　名 花豹

猛禽，体长 50～59cm，体重 575～1073g。上体多为暗褐色，下体多为暗褐色或淡褐色，具深色横斑或纵纹，尾淡灰褐色，具多道暗色横斑。飞翔时两翼宽阔，初级飞羽基部有明显的白斑，翼下白色，仅翼尖、翼角和飞羽外缘黑色（淡色型）或全为黑褐色（黑色型），尾散开呈扇形。翱翔时两翅微向上举成浅“V”字形。栖息于山地森林和林缘地带，性机警，视觉敏锐，善飞翔。主要以鼠类为食，也吃蛙、蛇、野兔、小鸟等动物性食物。通常营巢于林缘或森林中高大的针叶树上。雏鸟晚成性。

在湖南省为冬候鸟。种群数量稀少。全省各地均有分布，少见。国家二级保护鸟类。

拉丁学名 *Buteo rufinus*

英 文 名 Long–legged Hawk

zōng wěi kuáng

棕尾鵟

猛禽，体长 50 ~ 65cm，体重约 1280g。上体淡褐色到淡沙褐色，具暗色中央纹，喉和上胸皮黄白色，具暗色羽轴纹，下胸白色，腹和覆腿羽黑褐色，尾桂皮黄色。栖息于无树平原和草原上。主要以野兔、鼠类、蛙、蛇和鸟类为食，也吃死鱼和其他动物尸体。通常营巢于悬崖岩石上或树上。

在湖南省为冬候鸟。种群数量非常稀少。仅偶见于南洞庭湖速生杨树林中。国家二级保护鸟类。

奋 飞

15 鸮形目 STRIGIFORMES

猛禽。大多具有面盘，头形宽大。嘴短而硬，先端具钩。眼大而圆，位于前方，眼周由放射细羽构成“脸盘”。耳孔特大，耳孔周缘具皱襞或耳羽。脸形似猫，故俗称“猫头鹰”。体羽松散而柔软。双翅宽阔，尾羽短圆。脚粗壮强健，多数全部被有羽毛。外趾能反转成对趾足。爪粗而弯曲，爪尖锐利。主要栖息于树上。昼伏夜出。以昆虫、鼠类、蜥蜴、鱼、小鸟等动物为食。营巢于树洞、岩洞或墙壁缝隙中。雏鸟晚成性。中国有 2 科 32 种，本书收录湖南省该目鸟类 2 科 12 种。

（一）鸱鸮科

lǐng jiǎo xiāo

领角鸮

— 拉丁学名 *Otus lettia*

— 英 文 名 Collared Scops Owl

猛禽，体长 20～27cm，体重 110～205g。外形与红角鸮非常相似，头部具明显耳羽簇及特征性的浅沙色颈圈。上体通常为灰褐色或沙褐色，并杂有虫蠹状斑和黑色羽干纹，下体白色或皮黄色，缀有淡褐色波状纹和黑色羽干纹，前额和眉纹皮黄色或灰白色。栖息于山地阔叶林和混交林中。夜行性。主要以鼠类、甲虫、蝗虫、鞘翅目昆虫为食。营巢于天然树洞中，有时也用其他鸟的旧巢。

在湖南省为留鸟。种群数量非常稀少。全省各地均有分布，易见。国家二级保护鸟类。

hóng jiǎo xiāo

红角鸮

拉丁学名 *Otus Sunia*

英 文 名 Oriental Scops Owl

别　　名 普通角鸮、猫头鹰

猛禽，体长 17～22cm，体重 48～105g。面盘呈灰褐色，四周围以棕褐色和黑色皱领，耳簇羽显著。体色有灰色和棕栗色两个色型，具细密的黑褐色虫蠹状斑和黑褐色纵纹，并缀有棕白色或白色斑点，后颈有白色或棕白色斑点。跗跖被羽，但不到趾。栖息于山地和平原阔叶林和混交林中。主要以昆虫、鼠类和小型无脊椎动物为食。营巢于树洞中。

在湖南省为留鸟。种群数量非常稀少。全省各地均有分布，易见。国家二级保护鸟类。

diāo xiāo
雕 鸮

拉丁学名 *Bubo bubo*
英 文 名 Eurasian Eagle－owl
别　　名 怪鸱、角鸱、雕枭

猛禽，体长65～89cm，体重1025～3959g。面盘显著，淡棕黄色，杂以褐色细斑。眼先和眼前缘密被白色刚毛状羽，各羽均具黑色端斑。眼的上方有一大型黑斑。面盘余部淡棕白色或栗棕色，满杂以褐色细斑。头顶黑褐色。耳羽特别发达，显著突出于头顶两侧，长达55～97mm，其外侧黑色，内侧棕色。后颈和上背棕色。下腹中央几纯棕白色。栖息于山地森林、平原、荒野、林缘灌丛、疏林，以及裸露的高山和峭壁等各类环境中。夜行性。以各种鼠类为主要食物。被誉为“捕鼠专家”。通常营巢于树洞、悬崖峭壁下的凹处或直接产卵于地上，由雌鸟用爪刨一小坑即成。

在湖南省为留鸟。种群数量非常稀少。全省山地均有分布，罕见。国家二级保护鸟类。

hè yú xiāo

褐渔鸮

拉丁学名 *Ketupa zeylonensis*

英 文 名 Brown Fish Owl

猛禽，体长 51 ~ 55cm，体重 1150 ~ 1500g。体色呈棕褐色，上体有粗著黑色斑纹，下体为黄白色或浅暗黄色，有粗著的黑色条纹和细的波状横斑，喉部有大的白色块斑。栖息于水源附近的森林中，特别是开阔的林区河流地带。主要以鱼、蛙、水生昆虫等为食，有时也吃小型哺乳类、鸟类、蛇、蜥蜴和昆虫。营巢于悬崖、岸边岩洞或树洞中，也利用鹰和其他鸟类旧巢，或者在大树的树杈间产卵。

在湖南省为留鸟。种群数量非常稀少。湘西北山地有分布，罕见。国家二级保护鸟类。

拉丁学名 *ketupa flavipes*

英 文 名 Tawny Fish owl

huáng tuǐ yú xiāo

黄腿渔鸮

猛禽，体长 58～63cm，体重 1450～2065g。外形很像褐鱼鸮，但体形稍大，上体较多橙棕色，具宽阔的黑褐色羽干纹；飞羽和尾羽具橙棕色横斑和端斑。下体橙棕色，具暗褐色羽干纹，跗跖上部被羽。栖息于溪流、河谷等水域附近的阔叶林和林缘次生林中，常单独活动。主要在下午和黄昏外出捕食，以鱼类为食，兼食鼠类、昆虫、蛇、蛙、蜥蜴、蟹和鸟类 。营巢于树洞或倒木下地上，可多年利用。

在湖南省为留鸟。种群数量非常稀少。湘西北山地有分布，罕见。国家二级保护鸟类。

亚成鸟

灰林鸮

huī lín xiāo

拉丁学名 *Strix aluco*

英 文 名 Tawny Owl

猛禽，体长 37 ~ 40cm，体重 322 ~ 909g。头大而且圆，面盘灰色。没有耳羽，围绕双眼的面盘较为扁平。上体灰暗，呈棕、褐杂状。飞羽暗褐，外侧翅上覆羽的外翈棕近白，形成翼斑。下体白或皮黄色。胸部沾黄，有浓密条纹及细小虫蠹纹 。栖息于落叶疏林，有时会在针叶林中，较喜欢近水源的地方。主要以鼠类、小鸟和昆虫等为食，偶尔在水中捕食鱼类。主要营巢于树洞中，有时也在岩石下面的地上营巢或利用鸦类巢。

在湖南省为留鸟。种群数量非常稀少。全省山地有分布，偶见。国家二级保护鸟类。

lǐng xiū liú

领鸺鹠

拉丁学名 *Glaucidium brodiei*

英 文 名 Collared Owlet

猛禽，体长 14 ~ 16cm，体重 40 ~ 64g。上体为灰褐而具浅橙黄色横斑，后颈有显著的浅黄色颈斑，两侧有一黑斑。下体白色，喉有一栗色带斑，两胁有宽阔的棕褐色纵纹和横斑。栖息于山地森林和林缘灌丛地带。主要以昆虫和鼠类为食，也吃小鸟和其他小型动物。营巢于树洞和天然洞穴中，也利用啄木鸟的巢。

在湖南省为留鸟。种群数量非常稀少。全省山地均有分布，罕见。国家二级保护鸟类。

bān tóu xiū liú
斑头鸺鹠

— 拉丁学名 *Glaucidium cuculoides*
— 英 文 名 Asian Barred Owlet

猛禽，体长 20～26cm，体重 150～260g。体羽褐色，头和上下体羽均具细的白色横斑。腹白色，下腹和肛周具宽阔的褐色纵纹，喉具一显著的白色斑。栖息于阔叶林、混交林、次生林和林缘灌丛中。主要以各种昆虫和昆虫幼虫为食，也吃鼠类、小鸟、蛙和其他小型动物。营巢于树洞和天然洞穴中。

在湖南省为留鸟。种群数量非常稀少。全省各地均有分布，偶见。国家二级保护鸟类。

yīng xiāo
鹰 鸮

拉丁学名 *Ninox scutulata*

英 文 名 Brown Boobook

猛禽，体长 22 ~ 32cm，体重 212 ~ 230g。没有显著的面盘、翎领和耳羽簇。上体为暗棕褐色。前额为白色，肩部有白色斑，喉部和前颈为皮黄色而具有褐色的条纹。其余下体为白色，有水滴状的红褐色斑点，尾羽上具有黑色横斑和端斑。栖息于海拔 2000m 以下的针阔叶混交林和阔叶林中，尤其喜欢森林中的河谷地带。主要以鼠类、小鸟和昆虫等为食。追捕猎物有时竟会闯入居民住室中。营巢于大青杨、春榆等树木上的天然洞穴中，也利用鸳鸯和啄木鸟等利用过的树洞。在湖南省为留鸟。种群数量非常稀少。湘西北山地有分布，偶见。国家二级保护鸟类。

chánɡ ěr xiāo

长耳鸮

拉丁学名 *Asio otus*

英 文 名 Long－eared Owl

猛禽，体长33～40cm，体重208～326g。耳羽簇长，位于头顶两侧，竖直如耳。面盘显著，皱翎完整，白色而缀有黑褐色。上体棕黄色，而密杂以粗的黑褐色羽干纹。颏白色，其余下体棕白色而具粗的黑褐色羽干纹。腹以下羽干纹两侧具树枝状的横斑，跗跖和趾被棕黄色羽，眼橙红色。栖息于针叶林、针阔混交林、阔叶林等各种森林中。主要以鼠类等啮齿动物为食，也吃小型小鸟、哺乳类和昆虫。通常利用乌鸦、喜鹊或其他猛禽的旧巢，有时也在树洞中营巢。

在湖南省为冬候鸟。种群数量非常稀少。全省各地均有分布，偶见。国家二级保护鸟类。

duǎn ěr xiāo

短耳鸮

拉丁学名 *Asio flammeus*

英 文 名 Short－eared Owl

猛禽，体长 35～40cm，体重 251～450g。耳羽簇短而不明显，上体棕黄色，有黑色和皮黄色斑点及条纹。下体棕黄色，具黑色羽干纹，但羽干纹不分枝形成横斑。栖息于开阔平原草地、沼泽和湖岸地带。主要以鼠类为食，也吃小鸟、蜥蜴、昆虫和植物的果实、种子。营巢于沼泽附近地上或草丛中。

在湖南省为冬候鸟。种群数量非常稀少。湘西北有分布，罕见。国家二级保护鸟类。

（二）草鸮科

cǎo xiāo
草 鸮

拉丁学名　*Tyto longimembris*

英 文 名　Eastern Grass Owl

别　　名　猴面鹰、猴子鹰、白胸草鸮

猛禽，体长 35 ~ 44cm，体重 400g 左右。面盘灰棕色，上体较暗，多为栗褐色至黑褐色，具橙黄色斑纹；尾近白色，具 4 道显著的黑色横斑。栖息于低山丘陵、山坡草地和开阔草原地带。夜行性。以鼠类和小型哺乳动物为食，也吃蛇、蛙、鸟和昆虫等。营巢于茂密的草丛中和大树根部。

在湖南省为留鸟。种群数量非常稀少。全省各地均有分布，偶见。国家二级保护鸟类。

亚成鸟

成鸟

灰椋鸟

16 咬鹃目
TROGONIFORMES

攀禽。嘴短阔而粗厚。嘴尖稍向下钩曲，下嘴基部有发达的嘴须。翅短而有力，尾长而宽阔。脚短弱。主要栖息于森林中。喜群居，多沿树干攀行，飞行时呈波浪状。主要以昆虫、蜗牛和两栖动物为食。营巢于树洞中。雏鸟晚成性。中国有 1 科 3 种，本书收录湖南省该目鸟类 1 科 1 种。

咬鹃科

hóng tóu yǎo juān

红头咬鹃

拉丁学名 *Harpactes erythrocephalus*

英 文 名 Red－headed Torgon

攀禽，体长 35 ~ 39cm，体重 95 ~ 125g。雄鸟头、颈、喉和胸暗血红色。下胸具一窄的白色星月形横带，腹和尾下覆羽红色。背和中央尾羽棕栗色。翅上覆羽具黑色和白色虫蠹斑。雌鸟头、颈、胸棕栗色。翅上覆羽具细的棕栗色和黑色虫蠹斑。其余似雄鸟。主要栖息于海拔 1500m 以下的常绿阔叶林和次生林中。多单独或成对活动。主要以昆虫和昆虫幼虫为食，也吃植物果实。营巢于天然树洞中。

在湖南省为留鸟。种群数量极为稀少。湘南山地有分布，罕见。

雌

雄

17 犀鸟目 BUCEROTIFORMES

湖 / 南 / 鸟 / 类 / 图 / 鉴

HUNAN NIAOLEI TUJIAN

攀禽。嘴多较长而粗壮。鼻孔小，并为额羽所掩盖。颈部较短。翅大都长而阔。尾羽短小，尾端稍圆。脚短。跗跖前缘被盾状鳞，后缘被网状鳞。主要栖息于森林、水边、旷野等生境中，但多为树栖。以昆虫、鱼虾和植物的果实、种子为食。营巢于树洞或土洞中。雏鸟晚成性。中国有 2 科 6 种，本书收录湖南省该目鸟类 1 科 1 种。

戴胜科

dài shèng
戴 胜

— 拉丁学名 *Upupa epops*

— 英 文 名 Common Hoopoe

— 别 名 山和尚、鸡冠鸟、臭姑鸪

攀禽，体长 25～32cm，体重 53～90g。嘴细长而微向下弯曲，头上具长的扇形状的羽冠，颜色为沙粉红色，具黑色端斑和白色次端斑。翅宽圆，具粗著的黑白相间横斑。栖息于山地、平原、森林、林缘、河谷、农田、草地和果园等地方。以直翅目、膜翅目、鞘翅目和鳞翅目的昆虫及幼虫为食。营巢于林缘或林中道路两边天然树洞中及啄木鸟的弃洞中。雏鸟晚成性。

在湖南省属留鸟。种群数量较少。全省各地均有分布，少见。

18 佛法僧目

CORACIIFORMES

攀禽。嘴多较长而粗壮或较细长而弯曲。颈部较短。翅大都长而阔。脚短。跗跖前缘被盾状鳞，后缘被网状鳞。主要栖息于森林、水边、旷野等生境中，但多为树栖。以昆虫、鱼虾和植物的果实、种子为食。营巢于树洞或土洞中。雏鸟晚成性。中国有 3 科 23 种，本书收录湖南省该目鸟类 3 科 7 种。

（一）蜂虎科

lán hóu fēng hǔ
蓝喉蜂虎

— 拉丁学名 *Merops viridis*
— 英 文 名 Blue－throated Bee－eater
— 别　　名 红头吃蜂鸟

攀禽，体长 26～28cm，体重 32～35g。头顶至上背栗红色或巧克力色，腰和尾蓝色，中央尾羽延长成针状，明显突出于外。颏、喉蓝色，其余下体和两翅绿色。嘴细长而尖，黑色，微向下曲。栖息于林缘疏林、灌丛、草坡等开阔地方。以各种蜂类为食，也吃其他昆虫。营巢于地洞中。

在湖南省属夏候鸟。种群数量稀少。湘中以东地区有分布，偶见。

（二）佛法僧科

sān bǎo niǎo
三宝鸟

拉丁学名 *Eurystomus orientalis*
英 文 名 Dollarbird
别　　名 东方宽嘴转鸟、佛法僧、阔嘴鸟、老鸹翠

攀禽，体长 26 ~ 29cm，体重 107 ~ 194g。通体蓝绿色，头和翅较暗，呈黑褐色。初级飞羽基部具淡蓝色斑，飞翔时甚明显。虹膜暗褐色，嘴、脚红色。主要栖息于针阔叶混交林和阔叶林林缘路边及河谷两岸高大的乔木树上。主要以昆虫为食。营巢于针阔叶混交林林缘高大的水曲柳和大青杨树上天然洞穴中，也利用啄木鸟废弃的洞穴作巢。雏鸟晚成性。

在湖南省属夏候鸟。种群数量较少。全省山地有分布，偶见。

（三）翠鸟科

bái xiōng fěi cuì

白胸翡翠

拉丁学名 *Halcyon smyrnensis*

英文名 White－throated Kingfisher

攀禽，体长 26～30cm，体重 54～100g。嘴、脚红色，颏、喉和胸白色，与深栗色的腹和头以及蓝色的背、翅和尾等形成鲜明对比。飞翔时翅上有一大的白斑和宽的黑色翅带。栖息于山地森林和山脚平原的河流、湖泊岸边。主要以鱼、蟹、软体动物和水生昆虫等为食。营巢于河岸、沟谷田坎土岩洞中。

在湖南省为留鸟。种群数量非常稀少。洞庭湖、大泽湖和江口鸟洲均有分布，偶见。

lán fěi cuì

蓝翡翠

拉丁学名 *Halcyon pileata*

英文名 Black-capped Kingfisher

攀禽，体长 26~31cm，体重 64~115g。头顶黑色，颈具一宽的白色颈环，上体紫蓝色，颏、喉白色，其余下体棕黄色，嘴、脚红色。栖息于林中溪流和山脚平原的河流、水塘和沼泽地带。主要以小鱼、虾、蟹和水生昆虫等为食。营巢于水域岸边土岩岩壁上。

在湖南省为夏候鸟。种群数量非常稀少。全省各地均有分布，偶见。

pǔ tōng cuì niǎo

普通翠鸟

拉丁学名 *Alcedo atthis*

英 文 名 Common Kingfisher

攀禽，体长 15 ~ 18cm，体重 24 ~ 36g。耳覆羽棕色，翅和尾较蓝，下体较红褐，耳后有一白斑。雄鸟上嘴黑色，下嘴红色。雌鸟嘴黑色仅下嘴基部橘黄色。栖息于林区溪流、平原河谷、水库、水塘及水田岸边。常单独活动。以小型鱼类、虾等水生动物为食。通常营巢于水域岸边或附近陡直的土岩、砂岩壁上，掘洞为巢。雏鸟晚成性。

在湖南省为留鸟。种群数量较丰。全省各地均有分布，易见。

雄

雌

— 拉丁学名　*Megaceryle lugubris*

— 英 文 名　Crested Kingfisher

— 别　　名　花斑钓鱼郎

guàn yú gǒu

冠鱼狗

攀禽，体长 37 ~ 43cm，体重 244 ~ 500g。头顶具长的黑白色冠羽，上体青黑并多具白色横斑和点斑。大块的白斑由颊区延至颈侧，下有黑色髭纹。下体白色，具一宽的黑色胸带，两胁和腹侧具黑色横斑。雄鸟翼羽白色，雌鸟黄棕色。栖息于林中溪流、山脚平原河流、湖泊和水塘边。常单独活动。主要以鱼、虾等水生动物为食。营巢于山区溪流、河流和水潭岸边陡岩和峭壁上的洞穴里。雏鸟晚成性。

在湖南省为留鸟，种群数量非常稀少。全省山地有分布，偶见。

bān yú gǒu

斑鱼狗

— 拉丁学名 *Ceryle rudis*

— 英 文 名 Pied Kingfisher

攀禽，体长 27 ~ 31cm，体重 100 ~ 130g。头顶冠羽较短，通体呈黑白斑杂状。具白色眉纹。尾白色，具宽阔的黑色亚端斑，翅上有宽阔的白色翅带。下体白色，雄鸟有两条黑色胸带，前宽后窄；雌鸟仅一条胸带，白色颈环不完整，在后颈中断。主要栖息于低山和平原溪流、河流、湖泊、运河等开阔水域岸边，也出现在水塘和路边水渠岸上。常单独活动。主要以鱼、虾、水生昆虫等水生动物为食，有时也吃蝌蚪和蛙。营巢于河流岸边沙地上，自己掘洞为巢。雏鸟晚成性。

在湖南省为留鸟，种群数量稀少。全省各地均有分布，少见。

雄

雄

雌

19 啄木鸟目 PICIFORMES

攀禽。嘴多长直呈锥状或嘴峰粗厚而稍向下弯曲，嘴基无蜡膜。翅大多短圆。脚短，趾较强健，为对趾型，趾端具利爪。主要栖息于森林中树上，善攀缘。主要以昆虫为食。营巢于树洞中。雏鸟晚成性。中国有 3 科 43 种，本书收录湖南省该目鸟类 2 科 11 种。

（一）拟啄木鸟科

dà nǐ zhuó mù niǎo

大拟啄木鸟

拉丁学名 *Psilopogon virens*

英文名 Great Barbet

攀禽，体长 30 ~ 34cm，体重 150 ~ 230g。嘴大而粗厚，象牙色或淡黄色。头、颈蓝色或蓝绿色，羽基暗褐色或黑色。上背和肩暗绿褐色，或缀暗红色。下背、腰、尾上覆羽和尾羽亮草绿色。尾下覆羽红色，尾羽羽干黑褐色。栖息于海拔 1500m 以下的低、中山常绿阔叶林和针阔混交林中。食物主要为马桑、五加科植物以及其他植物的花、果实和种子，此外也吃各种昆虫。通常营巢在海拔 300 ~ 2500m 的山地森林中树上，多自己在树干上凿洞为巢。

在湖南省为留鸟，种群数量非常稀少。湘中以西山地有分布，偶见。

hēi méi nǐ zhuó mù niǎo

黑眉拟啄木鸟

拉丁学名 *Psilopogon faber*

英 文 名 Black-browed Barbet

攀禽，体长 20 ~ 25cm，体重 69 ~ 118g。具粗著的黑色眉纹。头侧和耳覆羽以及下喉蓝色，后颈、背、腰和尾绿色。颊和上喉金黄色，下喉和颈侧蓝色，形成一条蓝色颈环，其下具一鲜红色斑或带。胸、腹和其余下体淡黄绿色。栖息于海拔 2500m 以下的中、低山和山脚平原常绿阔叶林和次生林中。主要以植物的果实和种子为食，也吃少量昆虫等动物性食物。营巢树洞中。

在湖南省为留鸟，种群数量非常稀少。湘南莽山等地有分布，偶见。

（二）啄木鸟科

yǐ liè
蚁 鴷

— 拉丁学名 *Jynx torquilla*

— 英 文 名 Eurasian wryneck

攀禽，体长 16 ~ 19cm，体重 28 ~ 47g。上体银灰色或淡灰色，具黑色虫蠹状斑，两翅和尾锈色，具有黑色和灰色横斑或点斑。下体赭灰色或皮黄色，具窄的暗色横斑。嘴直，细小而弱。尾较软，末端圆形，颜色为大理石银灰色或褐灰色，具 3 ~ 4 道黑色横斑。栖息于阔叶林和针阔混交林中。主要以蚂蚁、蚂蚁卵和蛹为食，也吃一些甲虫。营巢于树洞或啄木鸟废弃洞中。

在湖南省为冬候鸟，种群数量极为稀少。湘中以北地区偶有分布，偶见。

bān jī zhuó mù niǎo

斑姬啄木鸟

— 拉丁学名 *Picumnus innominatus*

— 英 文 名 Speckled Piculet

攀禽，体长 9 ~ 10cm，体重 10 ~ 16g。上体橄榄绿色，雄鸟头顶橙红色，头侧有两条白色纵纹，下体乳白色，具粗著的黑色斑点。雌鸟和雄鸟相似，但头顶为单一的栗色或烟褐色。栖息于低山丘陵和山脚平原地带的疏林、竹林和林缘灌丛中。主要以蚂蚁、甲虫和其他昆虫为食。营巢于树洞中。

在湖南省为留鸟。种群数量极为稀少。全省各地均有分布，偶见。

zōng fù zhuó mù niǎo

棕腹啄木鸟

拉丁学名 *Dendrocopos hyperythrus*

英 文 名 Rufous－bellied Woodpecker

攀禽，体长 18 ~ 24cm，体重 41 ~ 65g。雄鸟头顶至后颈深红色，雌鸟黑色而具白色斑点。肩、背和腰黑色而具白色横斑，翅亦为黑色而具白色横斑，脸白色，下体棕色，尾下覆羽红色。主要栖息于山地针叶林和针阔叶混交林中，有时亦出现于次生阔叶林和林缘地带。主要以各种昆虫为食，偶尔也吃植物果实。营巢于树洞中。雏鸟晚成性。

在湖南省为旅鸟。种群数量极为稀少。全省各地均有分布，罕见。

雌

雄

- 拉丁学名 *Dendrocopos canicapillus*
- 英 文 名 Grey-capped Pygmy Woodpecker
- 别　　名 小啄木

xīng tóu zhuó mù niǎo

星头啄木鸟

攀禽，体长 14 ~ 18cm，体重 20 ~ 30g。额至头顶灰色或灰褐色，具一宽阔的白色眉纹自眼后延伸至颈侧。雄鸟在枕部两侧各有一深红色斑，上体黑色，下背至腰和两翅呈黑白斑杂状，下体具粗著的黑色纵纹。雌鸟类枕侧无深红色斑。主要栖息于山地和平原阔叶林、针阔叶混交林和针叶林中。主要以天牛、蚂蚁、甲虫和其他昆虫为食，偶尔也吃植物的果实和种子。营巢于心材腐朽的树干上。雏鸟晚成性。

在湖南省为留鸟。种群数量非常稀少。全省山地有分布，易见。

chì xiōng zhuó mù niǎo

赤胸啄木鸟

— 拉丁学名 *Dendrocopos cathpharius*

— 英 文 名 Crimson–breasted Woodpecker

攀禽，体长 16 ~ 19cm，体重 30 ~ 45g。主要羽色是黑白色，具宽宽的白色翼斑，黑色的宽颊纹成条带延至下胸。绯红色胸块及红臀为识别特征。雄鸟枕部红色。雌鸟枕黑但颈侧或具红斑。主要栖息于海拔 1500 ~ 3500m 的山地常绿或落叶阔叶林和针阔叶混交林中，有时亦出现于针叶林和林缘次生林。以各种昆虫为食。营巢于海拔 1200m 以上的阔叶林和混交林中。

在湖南省为留鸟。种群数量极为稀少。湘西北壶瓶山等地有分布，罕见。

— 雌

— 雄

dà bān zhuó mù niǎo

大斑啄木鸟

拉丁学名 *Dendrocopos major*

英 文 名 Greater spotted Woodpecker

别　　名 赤鴷、臭奔得儿木、花奔得儿木、花啄木

攀禽，体长 20～25cm，体重 63～79g。上体主要为黑色，额、颊和耳羽白色，肩和翅上各有一块大的白斑。尾黑色，外侧尾羽具黑白相间横斑，飞羽亦具黑白相间的横斑。下体污白色，无斑；下腹和尾下覆羽鲜红色。雄鸟枕部红色，雌鸟枕部黑色。栖息于山地和平原的针叶林、针阔混交林中，也出现于林缘次生林和农田地边疏林及灌丛地带。主要以甲虫、蝗虫、吉丁虫、天牛幼虫、蚁科、蚊科、胡蜂科、鞘翅目等各种昆虫和昆虫幼虫为食，也吃橡实、松子和草籽等植物性食物。营巢于树洞中。雏鸟晚成性。

在湖南省为留鸟。种群数量稀少。全省各地均有分布，少见。

雌

雄

huī tóu lǜ zhuó mù niǎo

灰头绿啄木鸟

— 拉丁学名 *Picus canus*

— 英 文 名 Grey-headed Woodpecker

攀禽，体长 26~33cm，体重 105~159g。嘴黑色，雄鸟额基灰色，头顶朱红色，雌鸟头顶黑色，眼先和颚纹黑色，后顶和枕灰色。背灰绿色至橄榄绿色。飞羽黑色，具白色横斑，下体暗橄榄绿色至灰绿色。主要栖息于低山阔叶林和混交林中，也出现于次生林和林缘地带。主要以蚂蚁、天牛幼虫、鳞翅目、鞘翅目等各种昆虫为食，偶尔也吃植物的果实与种子。营巢于树洞中。雏鸟晚成性。

在湖南省为留鸟。种群数量稀少。全省各地均有分布，少见。

雌

亚成鸟

雄

— 拉丁学名　*Blythipicus pyrrhotis*
— 英 文 名　Bay Woodpecker
— 别　　名　黄嘴红啄

huáng zuǐ lì zhuó mù niǎo

黄嘴栗啄木鸟

攀禽，体长 25 ~ 32cm，体重 102 ~ 160g。嘴黄色。额和头顶暗黄棕褐色，雄鸟枕有宽阔的鲜红色带斑，一直延伸到颈侧。其余上体棕色而具宽阔的黑色横斑。下体暗栗褐色，颏、喉和嘴基为皮黄白色。主要栖息于山地常绿阔叶林中。主要以昆虫为食，也吃蠕虫和其他小型无脊椎动物。营巢于森林中树上。

在湖南省为留鸟。种群数量极为稀少。湘南山地有分布，罕见。

拉丁学名　*Micropternus brachyurus*

英 文 名　Rufous Woodpecker

lì zhuó mù niǎo

栗啄木鸟

攀禽，体长 21 ~ 25cm，体重 67 ~ 90g。嘴黑色，通体棕栗色，具短的枕冠。上体具黑色横斑，下体较暗，两胁具黑色横斑。头顶和喉具黑色条纹。雄鸟眼后、颊和耳羽部有一大块红色斑。雌鸟眼下和颊无红色斑，两胁和胸、腹部均具黑褐色横斑。主要栖息于海拔 1000m 以下的低山丘陵和平原地带的阔叶林、竹林、林缘疏林、次生林和灌丛中。以蚂蚁等蚁类为食。营巢于树洞中。雏鸟晚成性。

在湖南省为留鸟。种群数量非常稀少。湘南莽山等山地有分布，罕见。

隼形目
FALCONIFORMES

湖 / 南 / 鸟 / 类 / 图 / 鉴
HUNAN NIAOLEI TUJIAN

多为小型猛禽。嘴短而强健，尖端向下弯曲成钩状。鼻孔圆形。翅长而尖。趾上具锐利而弯曲的爪。栖息于开阔的旷野、荒原、沼泽、草地、荒野河流、山谷、疏林和林缘等各类生境。食物主要为小型鸟类、野兔、鼠类和昆虫等动物。多营巢于悬崖峭壁的缝隙、土洞或树洞中。中国有1科12种，本书收录湖南省该目鸟类1科5种。

隼 科

hóng sǔn
红 隼

— 拉丁学名 *Falco tinnunculus*
— 英 文 名 Common Kestrel
— 别 名 黄箭子、剁子

猛禽，体长 31 ~ 38cm，体重 180 ~ 335g。背和翅上覆羽砖红色，具三角形黑斑；腰、尾上覆羽和尾羽蓝灰色，眼下有一条垂直向下的黑色口角髭纹。雌鸟上体棕红色，头顶至后颈以及颈侧具粗著的黑褐色羽干纹，背到尾上覆羽具粗著的黑褐色横斑，尾亦为棕红色。脚、趾黄色，爪黑色。栖息于山地森林、低山丘陵、平原、旷野、农田和村屯附近等生境。以蝗虫、蚱蜢、吉丁虫、蟋蟀等昆虫为食，也食鼠类、鸟类、蛙、蛇等。通常营巢于悬崖、山坡岩石的缝隙、土洞或树洞中。雏鸟晚成性。

在湖南省多为留鸟。种群数量非常稀少。全省各地均有分布，偶见。国家二级保护鸟类。

雄

雌

- 拉丁学名 *Falco amurensis*
- 英 文 名 Amur Falcon
- 别　　名 阿穆尔隼、青箭子、蚂蚱鹰

hóng jiǎo sǔn

红脚隼

雌

雄

猛禽，体长 25～30cm，重 124～190g。雄鸟通体暗石板灰黑色，尾和翅灰色，尾下覆羽和覆腿羽橙栗色，眼周、蜡膜和脚红色。雌鸟上体暗灰色，具黑色横斑，颏、喉、颈侧乳白色，眼下有一黑斑，胸具黑褐色纵纹，腹具黑褐色横斑。栖息于低山疏林、林缘、山脚平原和丘陵地区的沼泽、草地、荒野河流、山谷和农田等开阔地区。主要以蝗虫、蚱蜢、蝼蛄、蟋蟀等昆虫为食，也食小鸟、蜥蜴、蛙和鼠类等小型脊椎动物。通常营巢于疏林中高大乔木的顶端。雏鸟晚成性。

湖南省多冬候鸟。种群数量非常稀少。全省各地均有分布，偶见。国家二级保护鸟类。

— 拉丁学名 *Falco columbarius*

— 英 文 名 Merlin

huī bèi sǔn

灰背隼

雌

猛禽，体长 27 ~ 32cm，体重 122 ~ 205g。雄鸟前额和眼白色，上体淡蓝灰色，具黑色羽轴纹，尾具宽阔的黑色亚端斑和窄的白色端斑，后颈有一棕褐色颈圈。颏、喉白色，其余下体淡棕色，具粗的棕褐色羽干纹。雌鸟上体褐色，具淡色羽缘，腰、尾上覆羽和尾灰色具 5 道黑色横斑及白色羽尖。下体白色，胸以下具栗棕色纵纹。栖息于林缘、林中空地和有稀疏树木的开阔地方。主要以小型鸟类、鼠类和昆虫为食。营巢于疏林、林缘或田间高大乔木上，有时侵占乌鸦和喜鹊巢。

在湖南省为冬候鸟。种群数量极为稀少。在洞庭湖及壶瓶山偶见。国家二级保护鸟类。

雄

拉丁学名 *Falco subbuteo*

英 文 名 Eurasian Hobby

别　　名 鬼脸刹子

yàn sǔn

燕 隼

猛禽，体长 29～35cm，体重 120～294g。上体暗蓝灰色，眼周黄色，有一细的白色眉纹，颊有一垂直向下的黑色髭纹，颈侧、喉、胸、腹有黑色纵纹，下腹至尾下覆羽和覆腿羽棕栗色，脚黄色。栖息于有稀疏树木生长的开阔平原、旷野、耕地和林缘地带。主要以麻雀、山雀等小型鸟类为食，也食昆虫。营巢于疏林、林缘或田间高大乔木上，有时侵占乌鸦和喜鹊巢。

在湖南省为留鸟。种群数量极为稀少。全省各地均有分布，偶见。国家二级保护鸟类。

you sǔn
游 隼

— 拉丁学名 *Falco peregrinus*

— 英 文 名 Peregrine Falcon

— 别　　名 鸽虎（雄）、鸭虎（雌）

猛禽，体长 41～50cm，体重 647～825g。头至后颈灰黑色，眼周黄色，颊有一粗著的垂直向下的黑色髭纹，其余上体蓝灰色，尾具数条黑色横带，下体白色，上胸有黑色细斑点，下胸至尾下覆羽密被黑色横斑。栖息于河流、沼泽与湖泊地带。主要以野鸭、鸥、鸠鸽等中小型鸟类为食，也食野兔、鼠类等小型哺乳动物。多营巢于土丘或沼泽地上。

在湖南省为冬候鸟。种群数量极为稀少。洞庭湖区偶有分布，偶见。国家二级保护鸟类。

21 雀形目 PASSERIFORMES

鸣禽。嘴小而强。雌雄同色或异色，若异色时，雄鸟羽色较雌鸟羽色艳丽。脚较短弱。主要栖息于森林、草原、农田、荒漠、公园和居民区等生境中。善跳跃亦善鸣叫。食物多为杂食性，但繁殖期多以昆虫和昆虫幼虫为食。通常营巢于树上、地面、树洞、草丛、灌丛、建筑物上和天然洞穴中。中国有 55 科 817 种，本书收录湖南省该目鸟类 42 科 229 种。

（一）八色鸫科

xiān bā sè dōng

仙八色鸫

- 拉丁学名　*Pitta nympha*
- 英 文 名　Fairy Pitta
- 别　　名　八色鸫、蓝翅八色鸫

鸣禽，体长 18 ~ 22cm，体重 48 ~ 70g。雄鸟前额至枕部深栗色，有黑色中央冠纹，眉纹淡黄，自额基有黑过眼并在后颈左右汇合。背、肩及内侧飞羽灰绿色。翼小覆羽、腰、尾上羽灰蓝色，尾羽黑色。飞羽黑色具白翼斑。颏黑褐、喉白，下体淡黄褐色，腹中及尾下覆羽朱红。嘴黑，脚黄褐色。雌鸟羽色似雄但较浅淡。主要栖息于茂密的森林和林缘灌丛与疏林地带。以昆虫为食，也吃蚯蚓等其他无脊椎动物。营巢于密林中树上，巢多置于树干公杈处。

在湖南省为夏候鸟。种群数量非常稀少。仅隆回县有过记录。

（二）黄鹂科

hēi zhěn huáng lí

黑枕黄鹂

拉丁学名 *Oriolus chinensis*

英文名 Black-naped Orioe

别　名 黄鹂、黄莺

鸣禽，体长 23～27cm，体重 62～106g。通体金黄色，两翅和尾黑色。头枕部有一宽阔的黑色带斑，并向两侧延伸和黑色贯眼纹相连，形成一条围绕头顶的黑带。亚成鸟似成鸟，下体白色且具黑色细纵纹，腹下黄色。主要栖息于低山丘陵和山脚平原地带的天然次生阔叶林、混交林中。以鞘翅目、鳞翅目、蝗虫、毛虫、蟋蟀、螳螂等昆虫为食，也吃少量植物果实与种子。通常营巢于阔叶林内高大乔木上。雏鸟晚成性。

在湖南省属夏候鸟。种群数量稀少。全省各地均有分布，少见。

成鸟

亚成鸟

（三）莺雀科

— 拉丁学名 *Pteruthius aeralatus*
— 英 文 名 Blyth's Shrike Babbler
— 别　　名 伯劳眉

hóng chì jú méi

红翅鵙鹛

雄

雌

鸣禽，体长 15～18cm，体重 32～42g。雄鸟：头黑色，眉纹白色；上背及背灰色；尾与两翼黑色，初级飞羽羽端白，三级飞羽金黄或橘黄色；下体灰白色。雌鸟色暗，下体皮黄，头近灰，翼上少鲜艳色彩。栖息于海拔 1000～2500m 的落叶阔叶林、常绿阔叶林、常绿落叶混交林等茂密的山地森林中，冬季也下到山脚和沟谷等低海拔地区。主要以毛虫、甲虫、象鼻虫等昆虫为食。营巢于茂密森林中，巢多置于树顶端细而下垂的侧枝末梢枝杈上。

在湖南省为留鸟。种群数量非常稀少。湘南山地有分布，罕见。

dàn lǜ jú méi
淡绿鵙鹛

拉丁学名 *Pteruthius xanthochlorus*

英 文 名 Green Shrike Babbler

鸣禽，体长 11 ~ 13cm，体重 14 ~ 15g。头顶灰色或蓝灰色，有的具白色眼圈。背橄榄绿色或上背橄榄灰色到下背至尾上覆羽才变成橄榄绿色。颏、喉和胸浅灰白色，腹灰黄色。栖息于海拔 1500~3000m 的山地针叶林和针阔混交林中。主要以象虫、甲虫、椿象、蝉等昆虫为食，也吃浆果、种子等植物性食物。营巢于茂密森林中，巢通常悬吊于树木侧枝枝杈间。

在湖南省为留鸟。种群数量非常稀少。湘北山地有分布，罕见。

（四）山椒鸟科

àn huī juān jú

暗灰鹃䴗

- 拉丁学名 *Lalage melaschistos*
- 英 文 名 Black－winged Cuckoo Shrike
- 别　　名 黑翅山椒鸟、平尾龙眼燕

鸣禽，体长20～24cm，体重30～51g。上体暗蓝灰色或灰黑色，飞羽和尾深黑色微具金属绿色光泽。下体蓝灰色，雌鸟下体有不明显的横斑。栖息于山脚平原和低山地带的次生阔叶林及林缘地带。主要以昆虫为食，也吃少量植物的果实与草子。营巢于高大乔木树冠层的水平枝上。

在湖南省为夏候鸟。种群数量非常稀少。全省各地均有分布，偶见。

xiǎo huī shān jiāo niǎo

小灰山椒鸟

拉丁学名 *Pericrocotus cantonensis*

英文名 Swinhoes Minivet

别　名 粉红山椒鸟

鸣禽，体长 18 ~ 20cm，体重 16 ~ 26g。上体灰黑色，额基白色，头和上体灰褐色，腰和尾上覆羽沙褐色。尾除中央尾羽黑褐色外，翅上亦具白色或黄白色翼斑，下体亦为白色。栖息于低山丘陵和山脚平原地带的树林中。主要以昆虫为食，也吃果实、草子、麦粒等植物性食物。营巢于松树或其他高大乔木树上。

在湖南省为夏候鸟。种群数量非常稀少。全省各地均有分布，偶见。

拉丁学名 *Pericrocotus divaricatus*

英 文 名 Ashy Minivet

别　　名 十字鸟，呆鸟，宾灰燕儿

huī shān jiāo niǎo

灰山椒鸟

鸣禽，体长 18 ~ 20cm，体重 20 ~ 28g。上体灰色，两翅和尾黑色，翅上具斜行的白色翼斑，外侧尾羽先端白色。前额、头顶前部、颈侧和下体均白色，具黑色贯眼纹。雄鸟头顶后部至后颈黑色，雌鸟头顶后部和上体均为灰色。多栖息于茂密的原始落叶阔叶林红松阔叶混交林中，也出现在林缘次生林、河岸林、村落附近疏林的高大树上。主要以昆虫和昆虫幼虫为食。营巢于落叶阔叶林和红松阔叶混交林中，巢多置于高大树木侧枝上。

在湖南省为旅鸟。种群数量非常稀少。全省山地有分布，偶见。

雌

雄

huī hóu shān jiāo niǎo

灰喉山椒鸟

拉丁学名 *Pericrocotus solaris*

英文名 Grey-throated Minivet

别　名 十字鸟、红山椒鸟

鸣禽，体长 17～19cm，体重 12～21g。雄鸟从前额、头顶至上背、肩黑色或烟黑色具蓝色光泽，下背、腰和尾上覆羽鲜红或赤红色。尾黑色。眼先黑色，颊、耳羽、头侧以及颈侧灰色或暗灰色。喉灰色、灰白色或沾黄色，其余下体鲜红色，尾下覆羽橙红色。雌鸟自额至背深灰色，下背橄榄绿色，腰和尾上覆羽橄榄黄色，两翅和尾与雄鸟同色，但红色被黄色取代。眼先灰黑色，颊、耳羽、头侧和颈侧灰色或浅灰色，颏、喉浅灰色或灰白色，胸、腹和两胁鲜黄色，翼缘和翼下覆羽深黄色。主要栖息于低山丘陵地带的杂木林和山地森林中，尤以低山阔叶林、针阔叶混交林较常见。以昆虫为食。通常营巢于常绿阔叶林、栎林中，巢多置于树侧枝上或枝杈间。

在湖南省为留鸟。种群数量非常稀少。全省山地有分布，偶见。

雌　　雄

— 拉丁学名 *Pericrocotus ethologus*

— 英 文 名 Long-tailed Minivet

cháng wěi shān jiāo niǎo

长尾山椒鸟

鸣禽，体长 17～20cm，体重 13～25g。雄鸟头、颈、背、肩亮黑色，下背、腰和尾上覆羽赤红色。两翅和尾黑色，翅上具红色翼斑。头侧、颈侧、颏、喉黑色，其余下体赤红色。雌鸟头顶、枕、后颈黑灰色或暗褐灰色。背稍浅而沾绿色，下背、腰和尾上覆羽绿黄色。颊、耳羽浅灰色，颏灰白或黄白色，其余下体柠檬黄色。主要栖息于山地森林中，尤其喜欢栖息在疏林草坡乔木树顶上。主要以昆虫为食。通常营巢于海拔 1000～2500m 的森林中乔木树上，也在山边树上营巢。

在湖南省多为留鸟。种群数量非常稀少。湘西北山地有分布，偶见。

雄

雌

chì hóng shān jiāo niǎo

赤红山椒鸟

拉丁学名 *Pericrocotus flammeus*
英文名 Scarlet Minivet
别　　名 红十字鸟、朱红山椒鸟

鸣禽，体长 18～22cm，体重 20～37g。雄鸟头部和背亮黑色，胸、腰、下体、尾羽羽缘及翼上有两道斑纹红色。雌鸟背部多灰色，黄色替代雄鸟的红色，且黄色延至喉、颏、耳羽及额头。栖息于平原、低山森林、草地和农田等环境中。单独或结群在高大乔木上层或中层活动。以鳞翅目幼虫、椿象、象甲、金龟子、蛴螬、蚂蚁、蝇等昆虫为食，也吃野果、花、种子等植物性食物。通常营巢于茂密森林的乔木树上，也在小树上营巢。

在湖南省多为留鸟。种群数量稀少。全省山地有分布，偶见。

（五）卷尾科

hēi juǎn wěi 黑卷尾

— 拉丁学名 *Dicrurus macrocercus*
— 英文名 Black Drongo
— 别　名 牛屎八哥、铁燕子、龙尾燕

鸣禽，体长 24~30 cm，体重 40~65g。通体黑色而具蓝绿色金属光泽，尾长且呈叉状，最外侧一对尾羽最长，末端向外曲且微向上卷。栖息于低山丘陵和山脚平原地带的丛林、竹林及稀疏草坡等生境。以昆虫为食，主要有甲虫、金龟甲、蜻蜓、蝉、蚂蚁、蜂、瓢虫、蝼蛄、虻和鳞翅目幼虫等。多营巢于阔叶树上。

在湖南省为夏候鸟。种群数量较丰富。全省各地均有分布，易见。

huī juǎn wěi

灰卷尾

拉丁学名 *Dicrurus leucophaeus*

英 文 名 Ashy Drongo

别　　名 白颊卷尾、灰龙尾燕

鸣禽，体长 25~32cm，体重 39~63g。通体灰色，额黑色富有光泽。尾长而分叉，呈叉状尾。栖息于低山丘陵和山脚平原地带的疏林及次生阔叶林中。以蚂蚁、蜂、牛虻、龙虱、金龟子、甲虫等昆虫为食，也吃杂草种子和植物果实等。营巢于乔木顶部树冠层侧枝杈上。

在湖南省为夏候鸟。种群数量稀少。全省各地均有分布，少见。

fā guān juǎn wěi

发冠卷尾

拉丁学名 *Dicrurus hottentottus*

英 文 名 Hair–crested Drongo

别　　名 山黎鸡、黑铁练甲、大鱼尾燕

鸣禽，体长 28~35cm，体重 70~110g。通体绒黑色缀蓝绿色金属光泽，额部具发丝状羽冠，外侧尾羽末端向上卷曲。栖息于海拔 1500 米以下的低山丘陵和山脚沟谷地带，多在常绿阔叶林、次生林或人工松林中活动。单独或成对活动，很少成群。主要以金龟甲、金花虫、蝗虫、蚱蜢、竹节虫、椿象、瓢虫、蚂蚁、蜂、蛇、蜻蜓、蝉等各种昆虫为食，偶尔也吃少量植物果实、种子、叶芽等植物性食物。通常营巢于高大乔木顶端枝杈上。

在湖南省为夏候鸟。种群数量稀少。全省各地均有分布，少见。

（六）王鹟科

- 拉丁学名　*Terpsiphone incei*
- 英 文 名　Amur Paradise Flycatcher
- 别　　名　天堂鹟、亚洲天堂鸟

shòu dài
寿 带

雄

雌

雄

鸣禽，雄鸟体长 19 ~ 49cm，雌鸟体长 17 ~ 22cm，体重 14 ~ 30g。雄鸟头呈蓝黑色具显著的羽冠，两枚中央尾羽特别长。羽色有栗色和白色两种类型：栗色型上体栗棕色，额、喉、头、颈和羽冠均为亮蓝黑色，胸灰色，尾和尾下覆羽白色。白色型头、颈、喉、颏亦为亮蓝黑色，但其余全为白色。雌鸟和栗色型雄鸟相似，但中央尾羽不延长。栖息于低山和山脚平原地带的常绿和落叶阔叶林、次生林和林缘疏林与竹林中。主要以昆虫和昆虫幼虫为食。营巢于阔叶林中近水边的阔叶树的枝杈和竹林上。

在湖南省为夏候鸟。种群数量稀少。全省各地均有分布，偶见。

拉丁学名 *Terpsiphone atrocaudata*

英 文 名 Japanese Paradise－flycatcher

别　　名 黑天堂鹟、日本天堂鸟

zǐ shòu dài

紫寿带

雌

鸣禽，雄鸟体长 20 ~ 44cm，雌鸟体长约 17cm，体重 19 ~ 25g。雄鸟头、颈、羽冠、喉和上胸呈金属蓝黑色，背、肩等上体深紫栗色，翼和尾表面暗栗色，两枚中央尾羽特别长。胸、上腹和两胁暗灰色，其余下体白色。雌鸟和雄鸟相似，但体色较淡，背和尾较栗褐，中央尾羽不延长。主要栖息于海拔 1200m 以下的低山丘陵和山脚平原地带的阔叶林和次生阔叶林中。主要以昆虫和昆虫幼虫为食。营巢于阔叶林中靠近溪流附近的小阔叶树枝杈上和竹上，也在林下幼树枝杈上营巢。

在湖南省为旅鸟。种群数量稀少。湘西南山地有分布，偶见。

雄

（七）伯劳科

拉丁学名 *Lanius tigrinus*
英 文 名 Tiger Shrike
别　　名 虎鸡、粗嘴伯劳、花伯劳

hǔ wén bó láo 虎纹伯劳

雄

鸣禽，体长 16～19cm，体重 23～38g。头顶至后颈灰色，上体、两翅和尾栗棕色或栗棕红色具细的黑色波状横纹，下体白色。雌鸟两胁缀有黑褐色波状横纹，雄鸟额基黑色且与黑色贯眼纹相连。主要栖息于低山丘陵和山脚平原地区的森林和林缘地带，特别是开阔的次生阔叶林、灌木林和林缘灌丛地带较常见。主要以昆虫为食，也食小鸟、蜥蜴等动物。营巢于小树或灌丛中。雏鸟晚成性。

在湖南省为夏候鸟。种群数量稀少。全省各地均有分布，偶见。

雌

niú tóu bó láo

牛头伯劳

拉丁学名 *Lanius bueephalus*

英 文 名 Bull－headed Shrike

别　　名 红头伯劳

鸣禽，体长 19～23cm，体重 30～42g。头顶至后颈栗色或栗红色，具黑色贯眼纹和白色眉纹。背、肩、腰和尾上覆羽灰色或灰褐色。中央一对尾羽灰黑色，其余尾羽灰褐色具白色端斑。两翅黑褐色，雄鸟具白色翼斑。颏、喉棕白色，其余下体浅棕色或棕色具黑褐色波状横斑。雌鸟上体羽色似雄鸟但更沾棕褐，白色眼上纹窄而不显著，眼先至耳羽的过眼纹为栗褐色。下体颏、喉白色，胸、胁、腹侧及覆腿羽比雄鸟更染黄棕且具细密的黑褐色鳞纹。主要栖息于林缘疏林、道旁次生林、河谷灌丛、农田防护林以及灌丛草甸等地带。主要以昆虫为食，也食蜘蛛、小鸟、雏鸟等动物。营巢于林缘疏林和次生杨桦林内。雏鸟晚成性。

在湖南省为冬候鸟。种群数量非常稀少。湘中以北地区有分布，偶见。

拉丁学名 *Lanius cristatus*
英 文 名 Brown Shrike
别　　名 褐伯劳、小伯劳、土伯劳

hóng wěi bó láo
红尾伯劳

鸣禽，体长 18 ~ 21cm，体重 23 ~ 44g。上体棕褐或灰褐色，两翅黑褐色，头顶灰色或红棕色具白色眉纹和粗著的黑色贯眼纹。颏、喉白色，其余下体棕白色。栖息于低山丘陵和山脚平原地带的灌丛、疏林和林缘地带。以昆虫等动物性食物为食，也吃少量草子。营巢于低山丘陵杂木林和林缘灌丛中。

在湖南省多为夏候鸟。种群数量较丰富。全省各地均有分布，少见。

zōng bèi bó láo
棕背伯劳

拉丁学名 *Lanius schach*
英文名 Long-tailed Shrike
别 名 大红背伯劳

鸣禽，体长 23~28cm，体重 42~111g。额、头顶至后颈黑色或仅额黑色，具黑色贯眼纹。背棕红色。尾长，黑色，外侧尾羽皮黄褐色。两翅黑色具白色翼斑。下体棕白色。栖息于低山丘陵和山脚平原地区的阔叶林、混交林及灌丛中。肉食性，以金龟子、椿象、蝗虫、蟋蟀、蚱蜢、豆娘、胡蜂、蚂蚁等为食，也食青蛙、蜥蜴和鼠类。置巢于树上或高的灌木上。雏鸟晚成性。

在湖南省为留鸟。种群数量较丰富。全省各地均有分布，易见。

拉丁学名 *Lanius tephronotus*
英 文 名 Grey－backed Shrike
别　　名 灰鸥鸟

huī bèi bó láo
灰背伯劳

鸣禽，体长 22～25cm，体重 40～54g。头顶至下背暗灰色，腰及尾上覆羽棕色，尾黑褐具浅棕色羽缘，两翅黑褐色。前额额基、眼先、眼周、颊和耳羽黑色，形成一条宽阔的黑色贯眼纹。下体近白，两胁和尾下覆羽棕色。主要栖息于自平原至海拔 4000m 的山地疏林地区，在农田及农舍附近较多。主要以昆虫为食，也吃鼠类和小鸟等。在榆、槐等阔叶树或灌木上筑巢，距地从 0.3～7m 不等。

在湖南省为留鸟。种群数量非常稀少。全省各地有分布，偶见。

xiē wěi bó láo
楔尾伯劳

拉丁学名 *Lanius sphenocercus*

英文名 Chinese Gray Shrike

别　名 长尾灰伯劳、中国灰伯劳

鸣禽，体长 25 ~ 31cm，体重 75 ~ 104g。上体灰色，宽的黑色贯眼纹从嘴基经眼到耳。两翅黑色，飞羽基部白色，形成宽阔的白色翅带，内侧飞羽具白色端斑。尾黑色，呈楔状。栖息于低山、丘陵、平原、草地、林缘等林木和植物稀少的开阔地区。主要以昆虫为食，也食蛙、蜥蜴、小鸟和鼠类等。置巢于林缘疏林和有稀疏树木的灌丛草地上。雏鸟晚成性。

在湖南省为冬候鸟。种群数量非常稀少。湘中以北地区有分布，罕见。

（八）鸦 科

sōng yā
松 鸦

拉丁学名 *Garrulus glandarius*
英 文 名 Eurasian Jay
别 名 山和尚

鸣禽，体长 28～35cm，体重 120～190g。翅短，尾较长，头顶红褐色，口角至喉侧有一粗著的黑色颊纹。上体葡萄棕色，尾上覆羽白色，尾和翅黑色，翅上有辉亮的黑、白、蓝三色相间的横斑。常年栖息在针叶林、针阔混交林、阔叶林等森林中。食性较杂，主要以金龟子、天牛、松毛虫、地老虎等昆虫和昆虫幼虫为食，也吃蜘蛛、鸟卵、雏鸟和植物果实与种子。多营巢于山地溪流和河岸附近的针叶林及针阔混交林中。雏鸟晚成性。

在湖南省为留鸟。种群数量稀少。全省各地均有分布，少见。

拉丁学名 *Cyanopica cyanus*

英 文 名 Azure–Winged Magpie

别　　名 山喜鹊

huī　xǐ　què

灰喜鹊

鸣禽，体长 33 ~ 40cm，体重 73 ~ 132g。嘴、脚黑色，额至后颈黑色，背灰色，两翅和尾灰蓝色，初级飞羽外侧端部白色。尾长且呈凸状具白色端斑，下体灰白色。栖息于低山丘陵和山脚平原地区的次生林及人工林内，也见于田边、地头、路边和村屯附近的小块林内。以金龟子、金针虫、椿象、步行虫、天蛾、舟蛾、枯叶蛾、蜂、蝇、蚂蚁和松毛虫等昆虫为食，也吃植物果实、种子等。多营巢于次生林和人工林中。雏鸟晚成性。

在湖南省为留鸟。种群数量较丰富。湘中以北各地均有分布，常见。

拉丁学名 *Urocissa erythroryncha*

英 文 名 Red-billed Blue Magpie

别 名 蛇尾巴鹊、红嘴长尾蓝鹊

hóng zuǐ lán què

红嘴蓝鹊

鸣禽，体长 54~65cm，体重 147~210g。嘴、脚红色，头、颈、喉和上胸黑色，头顶至后颈有一块白色至淡蓝白色或紫灰色块斑。其余上体紫蓝灰色或淡蓝灰褐色。尾长呈凸状具黑色亚端斑和白色端斑，下体白色。栖息于山区常绿阔叶林、针叶林、针阔混交林和次生林中，也见于竹林、林缘疏林和村旁、地边树上。以叩头虫、金龟子、蝗虫、蚱蜢、苍蝇、蟋蟀、甲虫、蜘蛛、萤火虫、蛙、蜥蜴等为食，也食植物的果实和种子。营巢于树木的侧枝上，也在高大的竹林上筑巢。

在湖南省为留鸟。种群数量较丰富。全省各地均有分布，常见。

huī shù què

灰树鹊

— 拉丁学名 *Dendrocitta formosae*

— 英 文 名 Grey Tree pie

— 别　　名 山喜雀、山老鸹

鸣禽，体长 31 ~ 39cm，体重 70 ~ 125g。头顶至后枕灰色，其余头部以及颏与喉黑色。背、肩棕褐或灰褐色，腰和尾上覆羽灰白色或白色，翅黑色具白色翅斑，尾黑色，中央尾羽灰色。胸、腹灰色，尾下覆羽栗色。树栖性，多栖于高大乔木顶枝上，喜不停地在树枝间跳跃。主要以浆果、坚果等植物果实与种子为食，也吃昆虫等动物性食物。营巢于树上和灌木上，巢由枯枝和枯草构成。

在湖南省为留鸟。种群数量稀少。湘中以南山地有分布，偶见。

拉丁学名 *Pica pica*

英文名 Common Magpie

别　名 喜雀、大喜雀、客鹊

xǐ què
喜鹊

鸣禽，体长 38～48cm，体重 180～266g。头、颈、胸和上体黑色，腹白色，翅上有一大型白斑。栖息于平原、丘陵和低山地区，尤其是山麓、林缘、农田、村庄、城市公园等人类居住环境附近较常见。食性较杂，常见食物种类有蝗虫、蚱蜢、金龟子、象甲、甲虫、地老虎、松毛虫、蚂蚁、蝇、蚊等昆虫和幼虫，也吃植物的果实、种子和农作物。营巢于高大乔木上。

在湖南省为留鸟。种群数量稀少。全省各地均有分布，常见。

dá wū lǐ hán yā

达乌里寒鸦

— 拉丁学名 *Corvus dauuricus*

— 英 文 名 Daurian Jackdaw

— 别　　名 寒鸦、小老鸹

鸣禽，体长 30 ~ 35cm，体重 190 ~ 285g。全身羽毛主要为黑色，仅后颈有一宽阔的白色颈圈向两侧延伸至胸和腹部。主要栖息于河边悬崖和河岸森林地带。主要以昆虫为食，也吃鸟卵、雏鸟、动物尸体、垃圾和植物果实、种子等。营巢于悬崖崖壁洞穴中。

在湖南省为冬候鸟。种群数量极为稀少。全省各地均有分布，罕见。

拉丁学名　*Corvus frugilegus*

英 文 名　Rook

别　　名　老鸹

tū bí wū yā
秃鼻乌鸦

鸣禽，体长 41 ~ 51cm，体重 356 ~ 495g。通体灰黑色，嘴长直而尖，黑色，基部裸露呈灰白色。栖息于农田、河流、村庄附近。主要以昆虫为食，也吃植物果实、种子和农作物，甚至吃动物尸体和垃圾。营巢于林缘、河岸、水塘和农田附近小块树林的高大乔木上。

在湖南省为留鸟。种群数量极为稀少。湘中以北各地均有分布，罕见。

拉丁学名　*Corvus pectoralis*

英 文 名　Collared Crow

别　　名　白脖子老鸹

bái jǐng yā

白颈鸦

鸣禽，体长 42 ~ 54cm，体重 385 ~ 700g。全身除后颈、颈侧和胸部为白色，形成一宽阔的白色颈环外，其他全为黑色。主要栖息于低山、丘陵和平原地带的村庄、城镇附近树林和公园中。主要以昆虫为食，也吃蜗牛、蛙、鸟卵、雏鸟、动物尸体、垃圾和植物果实、种子等。营巢于村寨附近的高大乔木上。

在湖南省为留鸟。种群数量极为稀少。全省各地均有分布，少见。

拉丁学名 *Corvus macrorhynchos*

英 文 名 Large – billed Crow

别　　名 老鸹

dà zuǐ wū yā

大嘴乌鸦

鸣禽，体长 45～54cm，体重 412～675g。通体黑色具紫绿色金属光泽。嘴粗大，嘴峰弯曲，峰嵴明显，嘴基有长羽，伸至鼻孔处。额较陡突。尾长呈楔状。后颈羽毛柔软松散如发状，羽干不明显。主要栖息于低山、平原和山地阔叶林、次生林、人工林、疏林和林缘地带。主要以昆虫为食，也吃蜗牛、蛙、鸟卵、雏鸟、动物尸体、垃圾和植物果实、种子等。营巢于高大乔木顶部枝杈上。

在湖南省为留鸟。种群数量稀少。全省各地均有分布，少见。

（九）玉鹟科

fāng wěi wēng

方尾鹟

拉丁学名 *Culicicapa ceylonensis*

英 文 名 Grey－headed Canary Flycatcher

别　　名 灰头鹟

鸣禽，体长 10～13cm，体重 6～11g。头顶至后颈黑灰色，背橄榄绿色，两翅和尾黑灰色，翅上覆羽和飞羽羽缘橄榄绿黄色。喉、胸灰色，其余下体黄色。栖息于低海拔的常绿落叶阔叶林、竹林、混交林和林缘疏林灌丛中。主要以昆虫和昆虫幼虫为食。营巢于岩石上。

在湖南省为夏候鸟。种群数量稀少。全省各地均有分布，偶见。

（十）山雀科

méi shān què
煤山雀

— 拉丁学名 *Periparus ater*
— 英 文 名 Coal Tit

鸣禽，体长 9 ~ 12cm，体重 8 ~ 10g。头黑色具短的黑色羽冠，后颈中央白色，两颊各有一大块白斑。上体蓝灰色，翅上有两道白色翅带，下体白色。主要栖息于海拔 3000m 以下的低山和山麓地带的次生阔叶林、阔叶林和针阔叶混交林中，也出没于竹林、人工林和针叶林，冬季有时也到山麓脚下和邻近平原地带的小树丛和灌木丛活动和觅食，有时也进到果园、道旁和地边树丛、房前屋后和庭院中的树上。主要以昆虫和昆虫幼虫为食，也吃少量蜘蛛、蜗牛、草子、花等其他小型无脊椎动物和植物性食物。多营巢于天然树洞中，也有在土崖裂隙和土洞中营巢的。

在湖南省为留鸟。种群数量非常稀少。湘西北山地有分布，罕见。

huáng fù shān què

黄腹山雀

— 拉丁学名 *Pardaliparus venustulus*

— 英 文 名 Yellow－bellied Tit

— 别　　名 采花鸟、黄点儿、黄豆崽

鸣禽，体长 9～11cm，体重 9～14g。雄鸟头和上背黑色，脸颊和后颈各具一白色斑块，颏至上胸黑色，下胸至尾下覆羽黄色。雌鸟上体灰绿色，颏、喉、颊和耳羽灰白色，其余下体黄绿色。栖息于海拔 2000m 以下的山地各林木中，冬季多下到低山和山脚平原地带的次生林、人工林和林缘疏林灌丛地带。主要以直翅目、鳞翅目、半翅目、鞘翅目等昆虫为食，也吃植物果实和种子等。多营巢于天然树洞中。

在湖南省为留鸟或冬候鸟。种群数量丰富。全省各地均有分布，易见。

雌

雄

dà shān què

大山雀

拉丁学名 *Parus cinereus*

英 文 名 Cinereous Tit

别　　名 灰山雀、白脸山雀、白颊山雀

鸣禽，体长 13 ~ 15cm，体重 12 ~ 17g。整个头黑色，头两侧各具一大型白斑且被黑色全部包围。上体蓝灰色，背偏绿色，下体白色。栖息于低山和山麓地带的次生阔叶林、阔叶林和针阔混交林中，有时也进到果园、道旁和地边树丛中。以金花虫、金龟子、库蚊、花蝇、蚂蚁、蜂、松毛虫、浮尘子、椿象、瓢虫、毒蛾幼虫等为食，也吃少量植物。多营巢于天然树洞中。雏鸟晚成性。

在湖南省为留鸟。种群数量较丰富。全省各地均有分布，易见。

拉丁学名 *Parus monticolus*

英 文 名 Green－backed Tit

别　　名 丁丁拐、花脸雀

lǜ bèi shān què

绿背山雀

鸣禽，体长11～13cm，体重9～17g。头黑色，两颊各具一大的白斑。上背和肩黄绿色，腰蓝灰色，尾上覆羽灰蓝色。腹黄色，腹中央有一条宽的黑色纵纹与喉、胸黑色相连。翅上具两道白色翅斑。栖息于低山和山脚平原地带的次生林、人工林和林缘疏林灌丛中。以金龟子、蚂蚁、步行虫、瓢虫等昆虫和昆虫幼虫为食，也吃少量草籽等植物性食物。营巢于天然树洞中。

在湖南省为留鸟。种群数量稀少。湘中以北地区有分布，罕见。

拉丁学名 *Machlolophus spilonotus*

英 文 名 Yellow－cheeked Tit

别　　名 中国黄山雀、黑斑山雀、催耕鸟

huáng jiá shān què

黄颊山雀

雄

雌

鸣禽，体长 12～14cm，体重 14～22g。雄鸟头顶和羽冠黑色，前额、眼先、头侧和枕鲜黄色，眼后有一黑纹。上背黑色而具蓝灰色轴纹，下背蓝灰色。颏、喉、胸黑色并沿腹中部延伸至尾下覆羽，形成一条宽阔的黑色纵带，纵带两侧为蓝灰色。雌鸟与雄鸟相似，但腹部黑色纵带不明显。主要栖息于海拔 2000m 以下的山地各林木中，也出入于山边稀树草坡、果园、茶园、溪边、地边灌丛和小树上。主要以鳞翅目、鞘翅目等昆虫和昆虫幼虫为食，也吃植物果实和种子。营巢于树洞中，也在岩石和墙壁缝隙中营巢。

在湖南省为留鸟。种群数量稀少。湘南山地有分布，偶见。

（十一）攀雀科

zhōng huá pān què

中华攀雀

拉丁学名 *Remiz consobrinus*

英文名 Chinese Penduline Tit

别　　名 攀雀、马蹄雀

鸣禽，体长 10～11cm，体重 8～11g。嘴短、细小而尖。雄鸟头顶淡灰色而具褐色羽干纹。前额、眼先经眼一直到耳羽黑色，形成一宽的黑色带斑，其上下又缘以窄的白带，后颈和颈侧暗栗色，其余上体沙棕色，下体皮黄色。雌鸟额、眼先经眼下部和颊上部到耳羽暗栗色，

上体沙褐色，头顶灰色稍深具淡褐色羽干纹。主要栖息于开阔平原、半荒漠地区的疏林或芦苇丛内。主要以昆虫为食，也吃杂草种子、浆果和植物嫩芽。营巢于杨树、榆树、柳树等阔叶树上。

在湖南省为冬候鸟。种群数量稀少。仅分布于洞庭湖，偶见。

雄

雌

（十二）百灵科

yún què
云 雀

— 拉丁学名 *Alauda arvensis*
— 英 文 名 Eurasian Skylark
— 别　　名 百灵、告天鸟

鸣禽，体长 15 ~ 19cm，体重 23 ~ 45g。上体沙棕色具粗著的黑色羽干纹和红棕色羽缘，具短的羽冠，受惊时竖起。眉纹白色或棕白色，最外侧一对尾羽几乎纯白色。下体白色或棕白色，胸密被黑褐色纵纹。栖息于开阔的干湿平原、草地、沼泽、耕地等生境。以植物性食物为食，也吃部分昆虫。通常营巢于近水草地、荒山坡、田边、地头、路边草丛及耕地中。雏鸟晚成性。

在湖南省为冬候鸟。种群数量较丰富。全省各地均有分布，少见。

xiǎo yún què

小云雀

- 拉丁学名 *Alauda gulgula*
- 英 文 名 Oriental Skylark
- 别　　名 百灵、告天鸟

鸣禽，体长 14 ~ 17cm，体重 24 ~ 40g。上体沙棕色或棕褐色具黑褐色纵纹，头上有一短的羽冠，受惊时明显可见。下体白色或棕白色，胸棕色具黑褐色羽干纹。嘴褐色，下嘴基部淡黄色，脚肉黄色。主要栖息于开阔平原、草地、河边、沙滩、草丛、荒地以及沿海平原地区。主要以植物性食物为食，也吃昆虫等动物性食物。通常营巢于地面低处的草丛中或树根旁。

在湖南省为留鸟，种群数量较少。全省各地均有分布，少见。

（十三）扇尾莺科

zōng shàn wěi yīng

棕扇尾莺

— 拉丁学名 *Cisticola juncidis*
— 英 文 名 Zitting Cisticola
— 别　　名 扇尾莺

鸣禽，体长9~11cm，体重8~10g。上体栗棕色具粗的黑褐色羽干纹和棕白色眉纹，下背、腰和尾上覆羽黑褐色，羽干纹细弱而不明显，尾为凸状，中央尾羽最长，两翅暗褐色，羽缘栗棕色，下体白色，两胁偏棕黄色。主要栖息于低山、丘陵和平原低地的灌丛与草丛中，也出入农田、草地、沼泽和地边灌丛与草丛中。主要以昆虫和昆虫幼虫为食，也吃杂草种子等。营巢于草丛中。

在湖南省为留鸟。种群数量稀少。全省各地均有分布，偶见。

拉丁学名 *Cisticola exilis*

英 文 名 Golden－headed cisticola

别　　名 黄头扇尾莺

jīn tóu shàn wěi yīng

金头扇尾莺

夏羽

鸣禽，体长 9~10cm，体重 8~9g。夏羽头顶烟灰白色，脸颊淡黄褐色，背黑色具灰褐色羽缘，在背部形成粗著的黑色纵纹。腰和尾上覆羽栗色或皮黄白色，尾上覆羽具黑色纵纹，尾具窄的淡色端斑。喉、腹中部和下体白色，其余皮黄色。冬羽尾较长，上体黑色具灰色羽缘。下体白色或灰白色，两胁沾皮黄色。栖息于山脚和平原低地的灌丛与草丛中。以蚂蚁等小型昆虫为食，偶尔也吃杂草种子。多营巢于草丛中。

在湖南省为留鸟。种群数量非常稀少。湘中以南有分布，偶见。

拉丁学名 *Prinia crinigera*
英 文 名 Striated Prinia
别　　名 条纹鹪莺、褐山鹪莺

shān jiāo yīng

山鹪莺

鸣禽，体长 13~18cm，体重 10~15g。尾非常长，最长可达 10cm。上体自额至上背栗褐色或暗栗色，羽缘棕灰色或灰色，形成明显的纵纹。下背以后纵纹不显，羽色较为棕褐。尾羽具暗褐色羽干纹，除中央一对尾羽外，其余尾羽具淡棕色尖端。下体白色沾棕，两胁和尾下覆羽棕色。栖息于低山山脚地带的草丛和灌丛中。以鞘翅目、鳞翅目、直翅目和膜翅目等昆虫和昆虫幼虫为食。营巢于草丛中，巢多筑于粗的草茎上，也有的在低矮的灌木下部营巢。

在湖南省为留鸟。种群数量稀少。全省山地均有分布，偶见。

hēi hóu shān jiāo yīng

黑喉山鹪莺

拉丁学名 *Prinia atrogularis*

英 文 名 Black－throated

鸣禽，体长 13~20cm，体重 7~13g。头顶暗褐色，上体橄榄褐色，两胁黄褐色，腹部皮黄色。脸颊灰色，具明显的白色眉纹及形长的尾。颏、喉白色，胸皮黄色微具黑斑。其余下体棕黄色。栖息于低山及山区森林的草丛和低矮植被下。主要以昆虫和昆虫幼虫为食，也吃杂草种子等。营巢于灌丛中，也有在草丛中营巢的。

在湖南省为留鸟。种群数量稀少。湘南山地有分布，偶见。

chún sè shān jiāo yīng

纯色山鹪莺

— 拉丁学名 *Prinia inornata*

— 英 文 名 Plain Prinia

— 别　　名 褐头鹪莺、茶色鹪莺、普通鹪莺

鸣禽，体长 11~14cm，体重 7~11g。夏羽上体灰褐色，头顶较深，额偏棕色，具一短的棕白色眉纹，飞羽褐色，羽缘红棕色。尾长呈凸状。下体淡皮黄色。冬羽尾较长，上体红棕褐色，下体淡棕色。栖息于低山、丘陵和平原地带的农田、果园和村庄附近的草地和灌丛中。主要以甲虫、蚂蚁等昆虫和昆虫幼虫为食，也吃杂草种子等。营巢于巴茅草丛和小麦丛中。

在湖南省为留鸟。种群数量稀少。全省各地均有分布，偶见。

冬羽

夏羽

chánɡ wěi fénɡ yè yīnɡ

长尾缝叶莺

拉丁学名 *Orthotomus sutorius*

英 文 名 Common Tailorbird

别　　名 火尾缝叶莺、裁缝鸟

鸣禽，体长 9~14cm，体重 8~10g。前额和头顶棕色，到枕部逐渐变为棕褐色，上体橄榄绿色，外侧尾羽先端皮黄色，下体苍白而沾皮黄色。眼先苍灰色，眼周淡棕色。栖息于海拔 1000 米以下的低山、山脚和平原地带，尤其喜欢村旁、地边、果园、庭院等人类居住环境附近的小树丛、人工林和灌木林。主要以昆虫和昆虫幼虫为食，也吃少量植物的果实与种子。多营巢于低山、山脚和平原地带的小树丛和灌丛中。

在湖南省为留鸟。种群数量非常稀少。湘中以南山地有分布，偶见。

（十四）苇莺科

dōng fāng dà wěi yīng

东方大苇莺

拉丁学名 *Acrocephalus orientalis*

英 文 名 Oriental Reed Warbler

别　　名 大苇莺

鸣禽，体长 16～19cm，体重 24～34g。上体橄榄棕褐色，眉纹淡黄色，飞羽暗褐色具窄的淡棕色羽缘。下体污白色，胸微具灰褐色纵纹。嘴须发达，上嘴黑褐色，下嘴黄白色。栖息于湖泊、沼泽、水塘等及其附近的芦苇丛、柳灌丛和湿草地中。主要以昆虫为食，也吃少量蜘蛛、蛞蝓等其他无脊椎动物。营巢于水边或水域附近的灌木丛或小柳树丛中。

在湖南省为夏候鸟。种群数量稀少。全省各地有分布，偶见。

拉丁学名 *Acrocephalus bistrigiceps*

英 文 名 Black－browed Reed Warbler

别　　名 小苇莺

hēi méi wěi yīng

黑眉苇莺

鸣禽，体长 12～13cm，体重 7～11g。上体橄榄棕褐色，眉纹淡黄色，其上有明显的黑褐色纵纹。下体棕白色，两胁暗棕色。主要栖息在低山和山脚平原地带。喜欢在道边、湖边和沼泽地的灌丛中，尤其喜欢在近水的草丛和灌丛中活动。主要以昆虫和昆虫幼虫为食。营巢在灌丛和芦苇上，也有在比较高的草丛和灌木上营巢的。

在湖南省为旅鸟。种群数量稀少。全省各地有分布，偶见。

dùn chì wěi yīng

钝翅苇莺

拉丁学名 *Acrocephalus concinens*

英 文 名 Blunt－winged Warbler

别　　名 稻田苇莺

鸣禽，体长 12 ~ 14cm，体重 8 ~ 12g。上体赤褐色，下体白色，两胁棕黄色。有宽而显著的淡皮黄色眉纹，但于眼后变得模糊不清。尾羽狭窄，羽端尖形。主要栖息于湖泊、水库、池塘、水渠等各种水域岸边灌丛、芦苇丛和草丛中以及芦苇沼泽、柳灌丛和草地，有时也见于水稻田边草丛和草甸灌丛中。主要以昆虫和昆虫幼虫为食。营巢于水边芦苇丛或杂草丛中，亦偶见于灌丛中。

在湖南省为冬候鸟。种群数量稀少。壶瓶山有分布，偶见。

hòu zuǐ wěi yīng

厚嘴苇莺

拉丁学名 *Arundinax aedon*

英文名 Thick-billed Warbler

别　名 芦莺、大嘴莺、厚嘴芦莺

鸣禽，体长 18 ~ 20cm，体重 17 ~ 32g。上体橄榄棕褐色，眼先和眼周淡皮黄色，无眉纹，嘴较粗短。颏、喉白色，其余下体黄白色。主要栖息于低海拔（海拔 800m 以下）的低山丘陵和山脚平原地带，喜欢在河谷两岸的小片丛林、灌丛和草丛中活动，尤其在山区较为开阔的河谷灌木丛和草丛中较易遇见。主要食物有鳞翅目、鞘翅目、直翅目、半翅目等昆虫，其中出现最多的是鳞翅目成虫及幼虫，以及甲虫、象鼻虫、蝗虫、椿象、蟋蟀、蚂蚁等。偶见有蜘蛛、蛞蝓等小型无脊椎动物。营巢多在河边两岸较为平坦且散生有老龄树木的灌丛、草丛中。

在湖南省为旅鸟。种群数量稀少。全省各地有分布，偶见。

（十五）鳞胸鹪鹛科

xiǎo lín xiōng jiāo méi

小鳞胸鹪鹛

拉丁学名 *Pnoepyga pusilla*

英 文 名 pygmy Wren Babbler

别　　名 小鹪鹛

鸣禽，体长 8～9cm，体重 11～15g。尾特别短小。上体暗棕褐色具黑褐色羽缘，翅上中覆羽和大覆羽具棕黄色点状次端斑，在翅上形成两列棕黄色点斑。下体白色或棕黄色具暗褐色羽缘，在胸、腹形成明显的鳞状斑。主要栖息于中高山森林茂密、林下植物发达且多岩石和倒木的阴暗潮湿森林中。主要以昆虫和植物叶、芽为食。营巢于中高山浓密森林中的林下岩石间或长满苔藓植物的岩石壁上。

在湖南省为留鸟。种群数量非常稀少。全省各地有分布，偶见。

（十六）蝗莺科

- 拉丁学名　*locustella luteoventris*
- 英 文 名　Brown Bush Warbler
- 别　　名　褐色丛树莺

zōng hè duǎn chì huáng yīng

棕褐短翅蝗莺

鸣禽，体长 12～14cm，体重 10～18g。上体呈棕褐色，下体淡灰白色，上胸、两胁、肛区和尾下覆羽淡棕褐色。主要栖息于海拔 390～3000m 的山地疏松常绿阔叶林的林缘灌丛与草丛中，以及高山针叶林和林缘疏林草坡与灌丛中。主要以昆虫、蚂蚁和蜘蛛等无脊椎动物为食。筑巢于距地面 1m 高的草丛和灌丛中。

在湖南省为留鸟。种群数量稀少。全省各地有分布，偶见。

拉丁学名 *Locustella lanceolata*
英 文 名 Lanceolated Warbler
别　　名 矛斑莺、苇扎

máo bān huáng yīng

矛斑蝗莺

鸣禽，体长 11 ~ 14cm，体重 11 ~ 17g。上体橄榄褐色满布粗的黑色纵纹，眉纹淡黄色细而不明显。下体乳白色具黑色纵纹。尾无白色尖端。栖息于湖泊、沼泽、河流等水域岸边或邻近的芦苇塘、灌丛和草丛中。主要以昆虫和昆虫幼虫为食，也吃其他小型无脊椎动物。营巢于草丛中紧靠草茎基部的地上。

在湖南省为旅鸟。种群数量非常稀少。全省各地有分布，罕见。

拉丁学名 *Locustella certhiola*
英 文 名 Pallas's Grasshopper Warbler
别　　名 柳串儿

xiǎo huáng yīng
小 蝗 莺

鸣禽，体长 14～16cm，体重 12～21g。上体橙褐色至橄榄褐色，具黑褐色斑纹。喉污白色，眉纹白色，贯眼纹黑褐色。下体棕白色，无斑纹或具黑色细纵纹。尾羽腹面具显著的近端黑斑和淡白色先端。主要栖息于湖泊、河流等水域附近的沼泽地带、低矮树木、灌丛、芦苇丛中及草地，亦见于麦田。主要以昆虫和昆虫幼虫为食，偶尔也吃少量植物性食物。营巢于芦苇丛中及茂密的草丛地面上。

在湖南省为旅鸟。种群数量稀少。湘南、湘中地区有分布，罕见。

bān bèi dà wěi yīng
斑背大尾莺

拉丁学名 *Locustella pryeri*
英 文 名 Marsh Grassbird
别 名 中国大尾莺

鸣禽，体长 13 ~ 14cm，体重 12 ~ 17g。上体淡眼黄褐色具黑色纵纹，尤以背部黑色纵纹粗大，眉纹白色。下体白色，两胁和尾下覆羽淡皮黄色。栖息于湖泊、河流、海岸和邻近地区的芦苇、沼泽和草地。主要以昆虫和昆虫幼虫为食。营巢于沼泽湿地的芦苇丛或高草丛中。

在湖南省为冬候鸟。种群数量非常稀少。东、南洞庭湖有分布，罕见。

（十七）燕 科

yá shā yàn

崖沙燕

— 拉丁学名 *Riparia riparia*

— 英 文 名 Sand Martin

— 别 名 灰沙燕、麻燕子

鸣禽，体长 11 ~ 14cm，体重 11 ~ 17g。上体灰褐色或沙灰色，下体白色，胸有一宽的灰褐色胸带，尾呈浅叉状。主要栖息于河流、沼泽、湖泊岸边沙滩、沙丘和沙质岩坡上。以昆虫为食。营巢于河流或湖泊岸边沙质悬崖上。

在湖南省为留鸟。种群数量较丰富。湘中以北地区有分布，少见。

家燕
jiā yàn

拉丁学名 *Hirundo rustica*

英文名 Barn Swallow

别　　名 拙燕、燕子

鸣禽，体长 15 ~ 19cm，体重 14 ~ 22g。上体蓝黑色而富有光泽。颏、喉和上胸栗色或棕栗色，其后有一黑色环带，下胸和腰白色。尾长，呈深叉状。喜欢栖息在人类居住的环境。善飞行。以昆虫为食，食物种类常见有蚊、蝇、蛾、蚁、蜂、象甲、叶蝉、金龟子和蜻蜓等。巢多置于人类房舍内外墙壁上、屋檐下或横梁上。有用旧巢的习性。雏鸟晚成性。

在湖南省为夏候鸟。种群数量丰富。全省各地均有分布，常见。

拉丁学名　*Delichon dasypus*

英 文 名　Asian House Martin；Asian Martin

别　　名　石燕、白腰燕、灵燕

yān fù máo jiǎo yàn

烟腹毛脚燕

鸣禽，体长 12 ~ 13cm，体重 10 ~ 15g。上体蓝黑色而具金属光泽，腰白色。下体烟灰白色。尾呈叉状。主要栖于海拔 1000m 以上的山地悬崖峭壁处，也栖息于房舍、桥梁等人类建筑物上。常成群活动。以昆虫为食，多为膜翅目上、半翅目、双翅目昆虫。营巢于悬崖峭壁石隙间，也营巢于桥梁、房舍等人类建筑物上。

在湖南省为夏候鸟。种群数量稀少。全省各地 1000m 以上大山有分布，少见。

jīn yāo yàn

金腰燕

拉丁学名 *Cecropis daurica*

英文名 Red-rumped Swallow

别　名 黄腰燕、赤腰燕、花燕儿

鸣禽，体长16~20cm，体重15~31g。上体蓝黑色而具金属光泽，腰有棕栗色横带。下体棕白色而具黑色纵纹。尾长，呈深叉状。栖于低山丘陵和平原地区的村庄、城镇等居民住宅区。常成群活动。以飞行性昆虫为食，种类主要有蚊、虻、蝇、蚁、胡蜂、蜂、椿象和甲虫等。营巢于人类房屋等建筑物上，巢多置于屋檐下、天花板上或房梁上。雏鸟晚成性。

在湖南省为夏候鸟。种群数量丰富。全省各地均有分布，常见。

（十八）鹎 科

lǐng què zuǐ bēi

领雀嘴鹎

拉丁学名 *Spizixos semitorques*

英 文 名 collared Finchbill

别　　名 绿鹦嘴鹎、青冠雀

鸣禽，体长 17～21cm，体重 35～50g。嘴粗短而厚，黄色，额和头顶前部黑色。上体暗橄榄绿色，下体橄榄黄色，尾黄绿色具暗褐色或黑褐色端斑。额基近鼻孔处有一白斑，喉黑色，前颈有一白色颈环。主要栖息于溪边沟谷灌丛、稀树草坡、林缘疏林、亚热带常绿阔叶林、次生林、栎林等地。食性较杂，主要以植物性食物为食，也吃金龟子、象甲、蝉等昆虫及昆虫幼虫。通常营巢于溪边或路边小树侧枝梢处等。

在湖南省为留鸟。种群数量稀少。全省各地均有分布，少见。

hóng ěr bēi

红耳鹎

拉丁学名 *Pycnonotus jocosus*

英文名 Red-whiskered Bulbul

别　　名 黑头公、大头翁

鸣禽，体长17~21cm，体重26~43g。额至头顶黑色，头顶有耸立的黑色羽冠，眼下后方有一鲜红色斑，其下又有一白斑，外周围黑色。上体褐色。尾黑褐色，外侧尾羽具白色端斑。下体白色，尾下覆羽红色。胸侧有黑褐色横带。栖息于低海拔的低山和山脚丘陵地带的雨林、季雨林、常绿阔叶林等森林中。杂食性，主要以植物性食物为食，也吃昆虫。营巢于灌丛、竹林和果树等低矮树上。

在湖南省为留鸟。种群数量非常稀少。湘中以南山地均有分布，罕见。

— 拉丁学名 *Pycnonotus xanthorrhous*

— 英 文 名 Brown－breasted Bulbul

huáng tún bēi

黄臀鹎

鸣禽，体长17～21cm，体重27～43g。额至头顶黑色。下嘴基部两侧各有一小红斑，耳羽灰褐色或棕褐色，上体土褐色或褐色。颏、喉白色，其余下体近白色，胸具灰褐色横带，尾下覆羽鲜黄色。栖息于中低山和山脚平原与丘陵地区的阔叶林、栎林、混交林和林缘地区。主要以植物果实与种子为食，也吃昆虫等动物性食物。营巢于灌木或竹林间，也有在林中小树上营巢的。

在湖南省为留鸟。种群数量稀少。全省各地偶有分布，少见。

bái tóu bēi
白头鹎

拉丁学名 *Pycnonotus sinensis*
英文名 Light – Vented Bulbul
别　名 白头翁

鸣禽，体长 17 ~ 22cm，体重 26 ~ 43g。额至头顶黑色，两眼上方至后枕白色，耳羽后部有一白斑，上体灰褐或橄榄灰色具黄绿色羽缘。颏、喉白色，胸灰褐色，腹白色具黄绿色纵纹。栖息于低海拔的低山丘陵和平原地区的灌丛、草地及果园 、村落、农田地边灌丛、次生林、竹林等生境。杂食性，动物以金龟子、步行虫、鼻甲、夜蛾、蝗虫、虻、蚊、蝇、蝉等为食，植物以野生楂、桑葚、樱桃、葡萄等为食。营巢于灌丛、竹林、针叶树和阔叶树上。

在湖南省属留鸟。种群数量丰富。全省各地均有分布，常见。

— 拉丁学名 *Pycnonotus aurigaster*
— 英 文 名 Sooty－headed Bulbul
— 别　　名 红臀鹎、黑头公

bái hóu hóng tún bēi

白喉红臀鹎

鸣禽，体长 18 ~ 23cm，体重 28 ~ 52g。额至头顶黑色而富有光泽，耳羽白色或灰白色。上体灰褐色或褐色、具灰色或灰白色羽缘。腰灰褐色，尾上覆羽近白色。下体颏和上喉黑色，下喉等其余下体白色，尾下覆羽血红色。主要栖息在低山丘陵和平原地带的次生阔叶林、竹林、灌丛以及村寨、地边和路旁树上或小块丛林中，也见于沟谷、林缘、季雨林和雨林。杂食性，以植物性食物为主。营巢于灌丛中或小树上。

在湖南省属留鸟。种群数量较少。湘南的莽山等山地有分布，偶见。

lǜ chì duǎn jiǎo bēi

绿翅短脚鹎

— 拉丁学名 *Ixos mcclellandii*
— 英 文 名 Mountain Bulbul
— 别　 名 条纹短脚鹎、绿山画眉鸟

鸣禽，体长 20 ~ 26cm，体重 26 ~ 50g。头顶羽毛尖形，栗褐色具白色羽轴纹。上体灰褐缀橄榄绿色，两翅和尾亮橄榄绿色。耳和颈侧红棕色，颏、喉灰色，胸灰棕褐色具白色纵纹，尾下覆羽浅黄色。栖息于 800 ~ 2500m 的次生阔叶林、常绿阔叶林、针阔混交林和针叶林等森林中。以野生植物果实与种子为食，也吃部分昆虫，食性较杂。营巢于乔木树侧枝上或林下灌木和小树上。

在湖南省为留鸟。种群数量非常稀少。全省各地均有分布，偶见。

— 拉丁学名 *Hemixos castanonotus*
— 英 文 名 Chestnut Bulbul
— 别　　名 栗短脚鹎、栗背山画眉鸟

lì bèi duǎn jiǎo bēi 栗背短脚鹎

鸣禽，体长 18 ~ 22cm，体重 29 ~ 49g。额栗色，头顶和羽冠黑色。背栗色，翅和尾暗褐色具白色或灰白色羽缘，颏、喉白色，胸和两胁灰白色，腹中央和尾下覆羽白色。主要栖息于低山丘陵地区的次生阔叶林、林缘灌丛、稀树草坡灌丛和地边丛林等生境中。主要以植物食物为食，也吃部分昆虫，属杂食性。营巢于小树或灌木枝丫上。

在湖南省为留鸟。种群数量稀少。全省山地有分布，偶见。

hēi duǎn jiǎo bēi
黑短脚鹎

- 拉丁学名 *Hypsipetes leucocephalus*
- 英文名 Black Bulbul
- 别　名 黑鹎、白头公、山白头

鸣禽，体长22~26cm，体重41~67g。嘴鲜红色，脚橙红色，尾呈叉状。羽色有两种，一种通体黑色，另一种头、颈白色，其余黑色。主要栖息于低山丘陵或海拔较高的高山中的次生林、阔叶林和针阔混交林及林缘地带。主要以昆虫等动物性食物为食，也吃植物的果实、种子等植物性食物，属杂食性。营巢于山地森林中树上。

在湖南省为夏候鸟。种群数量较为稀少。全省各地有分布，偶见。

（十九）柳莺科

hè liǔ yīng
褐柳莺

— 拉丁学名 *Phylloscopus fuscatus*
— 英 文 名 Dusky Warbler
— 别　　名 褐色柳莺、嘎叭嘴

鸣禽，体长 11 ~ 12cm，体重 7 ~ 12g。上体橄榄褐色，眉纹棕白色，贯眼纹暗褐色。颏、喉白色，其余下体皮黄白色沾褐，尤以两胁和胸较明显。栖息于稀疏而开阔的阔叶林、针阔混交林和针叶林林缘以及溪流沿岸的疏林与灌丛中。主要以昆虫为食，还吃尺蠖、苍蝇和蜘蛛等。营巢于林下或林缘与溪边灌木丛中。

在湖南省为冬候鸟。种群数量非常稀少。全省各地有分布，偶见。

huáng fù liǔ yīng

黄腹柳莺

拉丁学名 *Phylloscopus affinis*

英文名 Tickell's Leaf Warbler

别　名 蔡氏柳莺

鸣禽，体长 10 ~ 11cm，体重 5 ~ 10g。上体橄榄绿色，贯眼纹黑色。眉纹黄色，下体草黄色。翅上无翼斑。主要栖息于海拔 1000 ~ 5000m 的中高山森林和高原灌丛中，尤以林缘和河谷灌丛地带较常见。主要以甲虫、象甲、鳞翅目幼虫、鞘翅目幼虫、蚂蚁、蝇类等昆虫为食。营巢于离地不高的灌丛下部。

在湖南省为夏候鸟。种群数量稀少。湘西北山地有分布，偶见。

— 拉丁学名　*Phylloscopus subaffinis*

— 英 文 名　Buff–throated Warbler

— 别　　名　棕喉柳莺、黄腹柳莺、中国柳莺

zōng fù liǔ yīng

棕腹柳莺

鸣禽，体长 10 ~ 12cm，体重 9 ~ 12g。上体橄榄褐色，眉纹皮黄色，贯眼纹暗绿褐色，飞羽和尾羽暗褐色，外缘黄绿色无翅斑。下体棕黄色。主要栖息于海拔 500 ~ 3600m 的阔叶林、针叶林缘的灌丛中，亦见于低山丘陵和山脚的针叶林，或阔叶疏林和灌丛草甸。主要以昆虫为食。营巢于幼龄杉树中、下层枝丫上或耕地间的草丛上。

在湖南省为夏候鸟。种群数量稀少。全省各地有分布，偶见。

- 拉丁学名 *Phyllosopus schwarzi*
- 英 文 名 Radde's Warbler
- 别 名 健嘴丛树莺、大眉草串儿

jù zuǐ liǔ yīng

巨嘴柳莺

鸣禽，体长 11～14cm，体重 10～17g。上体橄榄褐色，腰偏黄橄榄色，眉纹皮黄白色且长而显著，贯眼纹黑褐色，无冠纹与侧冠纹，亦无翅斑。下体黄白色，尾下覆羽棕黄色。嘴较粗厚。栖息于低山丘陵和山脚平原地带的混交林中，也见于林缘草地、果园和地边灌丛。主要以昆虫为食。营巢于林缘路旁次生林、灌丛或草丛中的地上或灌木上。

在湖南省为旅鸟。种群非常数量稀少。全省各地有分布，偶见。

huáng yāo liǔ yīng

黄腰柳莺

拉丁学名 *Phylloscopus proregulus*

英 文 名 Pallas's Leaf Warbler

别　　名 树串儿、帕氏柳莺、黄腰丝

鸣禽，体长 8～11cm，体重 5～8g。上体橄榄绿色，头顶中央有一淡黄色纵纹，眉纹黄绿色。腰黄色，两翅和尾黑褐色，翅上有两道黄白色翼斑，下体白色。主要栖息于针叶林、针阔混交林和林缘疏林地带。主要以昆虫、昆虫幼虫和虫卵为食。营巢于落叶松和云杉等针叶树的侧枝上。

在湖南省为冬候鸟。种群数量较丰富。全省各地均有分布，易见。

huáng méi liǔ yīng

黄眉柳莺

— 拉丁学名 *Phylloscopus inornatus*
— 英文名 Yellow–browed Warbler
— 别名 柳串儿、白眶丝

鸣禽，体长 9 ~ 11cm，体重 6 ~ 9g。上体橄榄绿色，眉纹皮黄白色，翅上有两道明显的白色翅斑。下体白色，胸、两胁和尾下覆羽黄绿色。上嘴黑褐色，下嘴基棕黄色。头无中央冠纹。主要栖息于山地和平原地带的森林中，也见于杨桦林、柳树丛和林缘灌丛地带。主要以昆虫为食。营巢于树上茂密的枝杈上。

在湖南省为旅鸟或冬候鸟。种群数量稀少。全省各地均有分布，少见。

拉丁学名 *Phylloscopus borealis*

英 文 名 Arctic Warbler

别　　名 柳串儿、北寒带柳莺、浦边丝

jí běi liǔ yīng

极北柳莺

鸣禽，体长11～13cm，体重7～12g。上体橄榄灰绿色，眉纹黄白色，长而显著。贯眼纹暗褐色，两翅和尾暗褐色，翅上仅具一道窄的黄白色翅斑。下体白色微沾绿黄色。上嘴深褐色，下嘴黄褐色。主要栖息于河谷或离水域不远的杨、桦针阔叶混交林和针叶林中。主要以昆虫和昆虫幼虫为食。营巢于地上，也在树桩和倒木上筑巢。

在湖南省为旅鸟。种群数量非常稀少。全省各地有分布，偶见。

shuāng bān lǜ liǔ yīng

双斑绿柳莺

— 拉丁学名 *Phylloscopus plumbeitarsus*
— 英 文 名 Two-barred Warbler
— 别　　名 暗绿柳莺

鸣禽，体长 11 ~ 12cm，体重 7 ~ 13g。上体橄榄绿色。眉纹淡黄色。贯眼纹暗褐色。翅和尾黑褐色，翅上具两道淡黄色翅斑。下体白色沾黄。主要栖息于海拔 400 ~ 4000m 的针叶林、针阔叶混交林、白桦及白杨树丛中。主要以甲虫、椿象、虻、鳞翅目昆虫和蜘蛛等动物性食物为食。营巢于林中溪流岸边山坡上或岩石缝隙中，营地面巢。

在湖南省为旅鸟。种群数量稀少。全省各地有分布，偶见。

- 拉丁学名 *Phylloscopus coronatus*
- 英 文 名 Eastern Crowned Warbler
- 别　　名 东方冕莺、东方冕柳莺、树窜儿

miǎn liǔ yīng

冕柳莺

鸣禽，体长 11 ~ 12cm，体重 6 ~ 11g。上体橄榄绿色。头顶较暗且中央有一淡黄绿色冠纹。眉纹淡黄色。贯眼纹暗褐色。翅暗褐色，翅上有一道淡黄色翅斑。下体银白色，尾下覆羽黄色。主要栖息于海拔 2000m 以下的针叶林、针阔叶混交林、阔叶林及林缘地带。主要以昆虫和昆虫幼虫为食。营巢于地上或山边低树枝杈上。

在湖南省为旅鸟。种群数量稀少。全省各地有分布，偶见。

guàn wén liǔ yīng
冠纹柳莺

拉丁学名 *Phylloscopus claudiae*
英 文 名 Claudia's Leaf Warbler
别　　名 布氏柳莺

鸣禽，体长 10 ~ 11cm，体重 6 ~ 10g。上体橄榄绿色。头顶较暗，中央有一淡黄色中央冠纹，头顶两侧为绿灰黑色。眉纹淡黄色。贯眼纹暗褐色。翅上有两道淡黄绿色翅斑。下体灰白色，胸微沾黄色或呈条纹状。主要栖息于海拔 3500m 以下的针叶林、针阔叶混交林、阔叶林及林缘灌丛地带，秋冬季节则下到低山和山脚平原地带。主要以昆虫和昆虫幼虫为食。通常营巢于海拔 2400 ~ 3000m 且有苔藓、蕨类植物、林木隐蔽很好的洞穴中，有时营巢于原木或树上的洞中。

在湖南省为夏候鸟。种群数量稀少。全省山地有分布，常见。

— 拉丁学名 *Phylloscopus ogilviegranti*

— 英 文 名 Kloss's Leaf Warbler

bái bān wěi liǔ yīng

白斑尾柳莺

鸣禽，体长约 10cm，体重 5～11g。上体橄榄黄绿色，头顶中央纹淡黄绿色，侧冠纹暗橄榄褐色，眉纹淡黄色，贯眼纹暗绿褐色，两翅暗褐色，羽缘颜色同背，翅上具两道淡黄色翼斑，最外侧一对尾羽内翈白色。下体白色沾黄。主要栖息于海拔 3000m 以下的落叶或常绿阔叶林、针阔叶混交林和针叶林中，也栖息于次生林和林缘灌丛地带。以昆虫和昆虫幼虫为食，偶尔也吃植物果实和种子。通常营巢于地上。

在湖南省为夏候鸟。种群数量稀少。湘中以南山地有分布，偶见。

hēi méi liǔ yīng

黑眉柳莺

拉丁学名 *Phylloscopus ricketti*

英文名 Sulphur–breasted Warbler

别　名 黄胸柳莺

鸣禽，体长9~10cm，体重6~8g。上体橄榄绿色，头顶中央自额基至后颈有一条淡绿黄色中央冠纹，头顶两侧各有一条黑色侧冠纹，眉纹黄色，贯眼纹黑色。翅上有两道淡黄色翅斑，下体亮黄色。主要栖息于低山山地阔叶林和次生林中，也栖息于针叶林、针阔混交林、林缘灌丛和果园。主要以昆虫和昆虫幼虫为食。营巢于林下或森林边土岸洞穴中。

在湖南省为夏候鸟。种群数量非常稀少。全省各地有分布，少见。

拉丁学名 *Seicercus valentini*

英 文 名 Bianchi's Warbler

别　　名 金眶鹟莺、灰顶鹟莺

bǐ shì wēng yīng

比氏鹟莺

鸣禽，体长 10～11cm，体重 5～9g。头顶中央冠纹灰色或灰沾绿色，侧冠纹黑色，眼周金黄色。上体橄榄绿色，两翅和尾暗褐色，大覆羽具窄的黄绿色尖端，在翅上形成不甚明显的翅斑，外侧两对尾羽内翈白色。主要栖息于海拔 1000～3000m 的山地常绿或落叶阔叶林中，尤以林下灌木发达的溪流两岸的稀疏阔叶林和竹林中较常见，也栖息于混交林和针叶林。主要以昆虫为食，也吃昆虫卵和少量蜘蛛。通常营巢于林下灌丛中地上或距地不高的灌丛与草丛上，也在山坡、土坎、岸边岩坡和岩石脚下营巢。

在湖南省为夏候鸟。种群数量稀少。湘南、湘西北山地有分布，偶见。

lì tóu wēng yīng

栗头鹟莺

— 拉丁学名 *Seicercus castaniceps*
— 英 文 名 Chestnut–crowned Warbler
— 别　　名 栗冠莺

鸣禽，体长 9～10cm，体重 6～7g。头顶栗色，侧顶纹及过眼纹黑色，眼圈白，脸颊灰，翼斑黄色，腰及两胁黄。胸灰，腹部黄灰。主要栖息于海拔 2000m 以下低山和山脚地带阔叶林与林缘疏林灌丛中。主要以昆虫和昆虫幼虫为食，也吃少量杂草种子等植物性食物。营巢于阔叶林中树根下的土坎上或溪岸和岩边洞穴中。

在湖南省为夏候鸟。种群数量稀少。全省各地有分布，偶见。

（二十）树莺科

zōng liǎn wēng yīng

棕脸鹟莺

— 拉丁学名 *Abroscopus albogularis*
— 英 文 名 Rufous－faced Warbler
— 别　　名 褐脸莺

鸣禽，体长 9～10cm，体重 5～8g。额、头侧、颈侧淡茶黄色，头顶至枕淡赭橄榄色，头顶两侧各有一条黑色纵纹向后延伸至枕侧。上体橄榄绿色，腰淡黄白色。喉呈黑白斑驳状，胸和尾下覆羽黄色，其余下体白色。主要栖息于低山阔叶林和竹林中。主要以昆虫为食。多营巢于低山竹林中枯死的竹子洞中。

在湖南省为留鸟。种群数量非常稀少。全省各地有分布，少见。

yuǎn dōng shù yīng

远东树莺

— 拉丁学名 *Horornis Canturians*

— 英 文 名 Manchurian Bush Warbler

— 别　　名 日本树莺、树莺、短翅树莺

鸣禽，体长14～18cm，体重22～34g。额和头顶红褐色，眉纹皮黄白色，贯眼纹黑色。上体橄榄褐色，下体污白色。胸、腹偏皮黄色。尾羽宽阔，末端圆形。主要栖息于低山、丘陵的林缘道旁次生林和灌丛中。主要以昆虫和昆虫幼虫为食。营巢于林缘地边或道边灌木丛中。

在湖南省为冬候鸟。种群数量极为稀少。全省各地有分布，罕见。

拉丁学名 *Horornis fortipes*

英 文 名 Brownish–flanked Bush Warbler

别　　名 山树莺

qiáng jiǎo shù yīng

强脚树莺

鸣禽，体长10～12cm，体重7～14g。上体橄榄褐色，眉纹皮黄色，颏、喉、腹等下体白色或淡棕色，脚肉色。栖息于中低山常绿阔叶林和次生林以及林缘疏林灌丛、竹丛或高草丛中。主要以昆虫和昆虫幼虫为食，也吃少量植物果实、种子和草子。营巢于灌丛或茶树丛下部靠近地面的侧枝上，也营巢于草丛中。

在湖南省为留鸟。种群数量稀少。全省各地均有分布，少见。

— 拉丁学名 *Urosphena squameiceps*
— 英 文 名 Asian Stubtail
— 别　　名 鳞头地莺

lín tóu shù yīng

鳞头树莺

鸣禽，体长 8～10cm，体重 6～11g。上体棕褐色，头顶羽毛短圆呈鳞片状，长的皮黄白色眉纹一直延伸到后颈。贯眼纹黑褐色。下体白色，两胁及臀皮黄色。尾极短。主要栖息于阔叶林、混交林中，尤其喜欢栖息于溪流两岸的原始混交林中。主要以昆虫和昆虫幼虫为食，也吃植物的果实和种子。营巢于山区森林的地面上，如原始混交林地面凹陷处，尤其喜欢在树根、倒木下地面凹陷处，以及倒木树洞中营巢。

在湖南省为旅鸟。种群数量稀少。全省各地有分布，偶见。

（二十一）长尾山雀科

— 拉丁学名 *Aegithalos glaucogularis*
— 英 文 名 Silver－throated Bushtit
— 别　　名 银颏山雀、洋红儿

yín hóu cháng wěi shān què

银喉长尾山雀

鸣禽，体长 12～16cm，体重 7～11g。头顶黑色具浅色纵纹，头和颈侧呈葡萄棕色（指名亚种头部纯白），背灰或黑色，翅黑色并具白边，下体淡葡萄红色，部分喉部具银灰色斑，尾较长，呈凸尾状。多栖息于山地针叶林或针阔叶混交林中。主要以昆虫为食，也吃少许植物。营巢于背风的林内，置于落叶松枝杈间，巢的一侧紧贴树干。

在湖南省为留鸟。种群数量非常稀少。湘西、湘北地区有分布，罕见。

- 拉丁学名 *Aegithalos concinnus*
- 英 文 名 Black-throated Bushtit
- 别　　名 红顶山雀、小老虎

hóng tóu cháng wěi shān què

红头长尾山雀

鸣禽，体长 10 ~ 11cm，体重 5 ~ 8g。头顶栗红色，背蓝灰色，尾长呈凸状，外侧尾羽具楔形白斑。颏、喉白色，喉中部具黑色块斑，胸、腹白色或淡棕黄色具栗色胸带，两胁栗色。主要栖息于山地森林和灌木林间，也见于果园、茶园等人类居住地附近的小树林内。主要以昆虫为食。营巢于柏树上。

在湖南省为留鸟。种群数量稀少。全省各地均有分布，常见。

— 拉丁学名 *Aegithalos fuliginosus*

— 英 文 名 Sooty Bushtit

— 别　　名 高山雀仔

yín liǎn cháng wěi shān què

银脸长尾山雀

鸣禽，体长 10 ~ 11cm，体重 6 ~ 7g。头顶及颈背棕褐色，眼先、眉纹、颏及喉银灰色，下体白而具不同程度的栗色。胸带及两胁浓栗色。主要栖息于海拔 1000m 以上的高山森林中，尤喜栎树林和栎树针叶混交林。主要以昆虫和昆虫幼虫为食，也吃蠕虫等其他无脊椎动物和植物果实、种子与嫩叶。营巢于柳树、松树、茶树或竹林等树枝间，亦多在背风处。

在湖南省为留鸟。种群数量非常稀少。仅湘西北山地有分布，罕见。

（二十二）莺鹛科

拉丁学名 *Lioparus chrysotis*

英 文 名 Golden-breasted Fulvetta

jīn xiōng què méi

金胸雀鹛

鸣禽，体长 10 ~ 11cm，体重 7 ~ 10g。头黑色，头顶中央有一道白色的中央冠纹，颊和耳羽亦为白色。上体深灰沾绿，外侧尾羽有黄色外缘和白色端斑。颏、喉、两翅和尾黑色，胸和其余下体金黄色。主要栖息于海拔 1200 ~ 2900m 的落叶和常绿阔叶林、针阔叶混交林和针叶林中，也栖息于林缘和山坡稀树灌丛与竹林中。主要以昆虫为食。营巢于常绿阔叶林中，多置于林下竹丛和灌丛中。

在湖南省为留鸟。种群数量稀少。湘南及湘西北山地有分布，偶见。

拉丁学名 *Fulvetta cinereiceps*

英 文 名 Streak – throated Fulvetta

hè tóu què méi

褐头雀鹛

鸣禽，体长 12 ~ 14cm，体重 10 ~ 14g。头顶至后颈褐色或灰褐色，上背烟褐色至栗褐色，腰棕褐色，喉粉灰而具暗黑色纵纹。胸中央白色，两侧粉褐至栗色。初级飞羽羽缘白、黑而后棕色形成多彩翼纹。主要栖于海拔 1400 ~ 2800m 的常绿林林下植被及混交林和针叶林的棘丛及竹林。主要以昆虫及昆虫幼虫为食，也吃蒿草等植物叶片、幼芽、果实和种子等植物性食物。营巢于林下竹丛和灌木枝杈上。

在湖南省为留鸟。种群数量稀少。湘南、湘西山地有分布，偶见。

bái kuàng yā què

白眶鸦雀

- 拉丁学名 *Sinosuthora conspicillata*
- 英 文 名 Spectacled Parrotbill
- 别　　名 白眼山雀

鸣禽，体长 12 ~ 14cm，体重 8 ~ 11g。嘴黄色、短而粗厚，头顶至后颈褐色沾棕，具白色眼圈。上体橄榄褐色，下体粉褐，喉具模糊的纵纹。主要栖息于海拔 1900 ~ 2900m 的山地竹林和林缘灌丛中，也出现于稀树草坡和耕地边的矮树丛中。主要以昆虫为食，也吃植物果实和种子。

在湖南省为冬候鸟。种群数量非常稀少。石门壶瓶山有分布，罕见。

zōng tóu yā què

棕头鸦雀

— 拉丁学名 *Sinosuthora webbiana*

— 英 文 名 Vinous-throated Parrotbill

— 别　　名 棕喉鸦雀

鸣禽，体长 11 ~ 13cm，体重 10 ~ 12g。嘴粗短而厚，暗褐色，先端偏黄色，头棕红色，飞羽外缘红棕色。栖息于中低山阔叶林和混交林林缘灌丛地带，冬季多下到山脚和平原地带的灌丛、果园、苗圃和芦苇沼泽中活动。以甲虫、象甲、松毛虫、椿象、鞘翅目和鳞翅目等昆虫为食。营巢于灌丛或竹丛上。

在湖南省为留鸟。种群数量较丰富。全省各地均有分布，易见。

拉丁学名　*Neosuthora davidiana*
英 文 名　Short-tailed Parrotbill
别　　名　挂墩鸦雀

duǎn wěi yā què
短尾鸦雀

鸣禽，体长约 9cm。嘴短而粗厚。头顶至后颈以及头侧和颈侧均为栗红色。背棕灰色，颏、喉黑色杂有白色细的条纹或斑点，下喉有一淡黄色横带，胸、腹灰黄色。主要栖息于海拔 2000m 以下的低山和丘陵地带的林下竹丛、灌丛中，也栖息于林缘灌丛、疏林草坡和溪流岸边灌丛与高草丛中。主要以昆虫和昆虫幼虫为食，也吃植物的果实和种子。营巢于竹丛中。

在湖南省为留鸟。种群数量稀少。湘南山区有分布，偶见。

拉丁学名 *Psittiparus gularis*

英文名 Grey—headed Parrotbil

别　名 金色鸦雀

huī tóu yā què

灰头鸦雀

鸣禽，体长 16 ~ 18cm，体重 26 ~ 30g。嘴短而粗厚，橙黄色，似鹦鹉嘴。头顶至枕灰色，前额黑色，有一条长而宽阔的黑色眉纹从黑色的额部伸出沿眼上向后一直延伸到颈侧，极为醒目，眼圈白色，眼后耳羽和颈侧亦为灰色。上体包括两翅和尾表面为棕褐色，颊和下体白色，喉中部黑色。主要栖息于海拔 1800m 以下的山地常绿阔叶林、次生林、竹林和林缘灌丛中。主要以昆虫和昆虫幼虫为食，也吃植物的果实和种子。通常营巢于林下幼树或竹的枝杈间。

在湖南省为留鸟。种群数量稀少。全省山地有分布，少见。

diǎn xiōng yā què

点胸鸦雀

拉丁学名 *Paradoxornis guttaticollis*

英 文 名 Spot-breasted Parrotbill

鸣禽，体长 18～21cm，体重 28～40g。头顶至枕橙灰色，嘴橙黄色、短而粗厚，脸皮黄色，耳覆羽和颊后部黑色，眼圈白色。上体棕褐色，下体淡皮黄白色。颏黑色，喉和上胸具黑色矢状斑。主要栖息于海拔 2000m 以下的山地竹林、灌丛和高草丛中，也出现于稀树草坡、农田、地边灌丛和草丛中。主要以昆虫和昆虫幼虫为食，也吃草子和植物果实。营巢于竹丛和灌丛中。

在湖南省为留鸟。种群数量非常稀少。石门壶瓶山有分布，罕见。

（二十三）绣眼鸟科

- 拉丁学名 *Yuhina castaniceps*
- 英 文 名 Striated Yuhina
- 别　　名 条纹凤鹛、白尾奇公、栗头凤鹛

lì ěr fèng méi 栗耳凤鹛

鸣禽，体长 12 ~ 15cm，体重 10 ~ 17g。头顶和短的羽冠灰色具白色羽干纹。耳羽、后颈和颈侧棕栗色形成一宽的半颈环，各羽均具白色羽干纹。上体橄榄灰褐色具白色羽干纹，两翅和尾灰褐色，尾呈凸状。下体淡灰色。栖息于低山的阔叶林和混交林中。主要以甲虫、金龟子等昆虫为食，也吃植物的果实与种子。营巢于低山的阔叶林和混交林中。

在湖南省为留鸟。种群数量极为稀少。全省山地区有分布，常见。

bái lǐng fèng méi

白领凤鹛

拉丁学名 *Yuhina diademata*

英 文 名 White-collared Yuhina

别　　名 白枕凤鹛

鸣禽，体长 15～18cm，体重 15～29g。头顶和羽冠土褐色，具白色眼圈，眼先黑色，枕白色，向两边延伸至眼，向下延伸至后颈和颈侧。上体土褐色，飞羽黑色，尾深褐色。颏、喉黑褐色，胸灰褐色，腹和尾下覆羽灰白色。栖息于稍高的山地阔叶林、针阔混交林、针叶林和竹丛中。主要以昆虫和植物的果实与种子为食。营巢于稍高的山地森林和山坡灌丛中。

在湖南省为留鸟。种群数量稀少。湘中以北地区有分布，少见。

hēi ké fèng méi

黑颏凤鹛

— 拉丁学名 *Yuhina nigrimenta*

— 英 文 名 Black-chinned Yuhina

— 别　　名 黑额凤鹛

鸣禽，体长 11 ~ 12cm，体重 9 ~ 13g。头顶和羽冠黑色，羽缘灰色在头顶形成明显的鳞状斑，头侧、后颈灰色。上体橄榄色。颏黑色，喉白色，其余下体棕褐色。飞羽黑褐色，外侧飞羽外缘绿色。下嘴红色，脚橙黄色。栖息于海拔 1800m 以下的山区森林、过伐林及次生灌丛的树冠层中，但冬季下至海拔 300m。有时与其他种类结成大群。主要以昆虫为食，也吃植物的果实与种子。营巢于长满苔藓或地衣的枯朽树木侧枝枝杈上。

在湖南省为留鸟。种群数量稀少。全省山地有分布，偶见。

拉丁学名 *Zosterops erythropleurus*
英 文 名 Chestnut－flanked White－eye
别　　名 栗胁绣眼、红胁粉眼、红腿绣眼

hóng xié xiù yǎn niǎo
红胁绣眼鸟

鸣禽，体长 10～12cm，体重 7～13g。上体黄绿色，眼周有显著的白色眼圈。下体白色，两胁栗红色。主要栖息于海拔 900m 以下的低山丘陵和山脚平原地带的次生林和阔叶林中，尤以河边溪流沿岸的小树林和灌丛中较常见。主要以昆虫为食，也吃植物性食物。营巢于树木枝杈间或灌木丛中。

在湖南省为旅鸟。种群数量非常稀少。全省各地有分布，罕见。

拉丁学名 *Zosterops japonicus*

英 文 名 Japanese White-eye

别　　名 白眼心、白目眶、杨柳鸟

àn lǜ xiù yǎn niǎo

暗绿绣眼鸟

鸣禽，体长 9～11cm，体重 8～15g。上体绿色，眼周有一白色眼圈极为醒目。下体白色，颏、喉和尾下覆羽淡黄色。主要栖息于阔叶林和针阔混交林、竹林、次生林中。以昆虫为食，也吃蜘蛛、螺和植物的果实、种子等。营巢于阔叶或针叶树及灌木上。

在湖南省多为夏候鸟。种群数量稀少。全省各地均有分布，易见。

（二十四）林鹛科

- 拉丁学名　*Erythrogenys swinhoei*
- 英 文 名　Grey-sided Scimitar Babbler
- 别　　名　大钩嘴鹛、锈脸钩嘴鹛

huá nán bān xiōng gōu zuǐ méi

华南斑胸钩嘴鹛

鸣禽，体长 22 ~ 26cm，体重 46 ~ 79g。嘴长而向下弯曲，耳羽棕红色，胸白而具黑色粗纹。主要栖息于灌木丛、矮树林、竹林和灌草丛间，也出入于农田地边和村寨附近的小树林和灌木丛中。主要以昆虫和昆虫幼虫为食，也吃植物的果实和种子。营巢于灌丛中。

在湖南省为留鸟。种群数量非常稀少。全省山地有分布，偶见。

zōng jǐng gōu zuǐ méi

棕颈钩嘴鹛

拉丁学名 *Pomatorhinus ruficollis*

英 文 名 Stread—breasted Scimitar Babbler

别　　名 小钩嘴鹛、小鹛、湖南钩嘴鹛

鸣禽，体长16～19cm，体重22～30g。嘴细长而向下弯曲，具显著的白色眉纹和黑色贯眼纹。上体橄榄褐色或棕褐色或栗棕色，后颈栗红色。颏、喉白色，胸白色具栗色或黑色纵纹，也有的无纵纹和斑点，其余下体橄榄褐色。栖息于低山丘陵和山脚平原地带的阔叶林、次生林、竹林和林缘灌丛中，也出入于村寨附近的茶园、果园、路旁丛林或灌丛中。主要以昆虫和昆虫幼虫为食，也吃植物的果实和种子。营巢于灌木上。

在湖南省为留鸟。种群数量较少。全省山地有分布，少见。

bān chì liáo méi

斑翅鹩鹛

拉丁学名 *Spelaeornis troglodytoides*

英 文 名 Bar–winged Wren—Babbler

别 名 鳞斑画眉

鸣禽，体长10～11cm，体重11g左右。头顶橄榄褐色具黑色端斑，颊和耳羽橙棕色或褐色。背灰褐色或橄榄棕褐色具黑色端斑和白色次端斑。尾较长。尾和飞羽栗褐色具细的黑色横斑。颏、喉白色。其余下体棕色。主要栖息于茂密的山地森林中。主要以昆虫为食，也吃植物的果实和种子。

在湖南省为留鸟。种群数量非常稀少。湘西北八大公山等山地有分布，罕见。

拉丁学名 *Gyanoderma ruficeps*

英 文 名 Rufous-capped Babbler

别　　名 红头小鹛、红顶噪鹛

hóng tóu suì méi

红头穗鹛

鸣禽，体长 10～12cm，体重 7～13g。头顶棕红色，上体淡橄榄褐色沾绿色。颏、喉、胸浅灰黄色，颏、喉具细的黑色羽干纹，体侧淡橄榄褐色。主要栖息于森林中。主要以昆虫为食，也吃少量植物的果实和种子。营巢于茂密的灌丛、竹丛、草丛和堆放的柴草中。

在湖南省为留鸟。种群数量稀少。全省山地有分布，少见。

（二十五）幽鹛科

hè xié què méi

褐胁雀鹛

拉丁学名 *Schoeniparus dubius*

英 文 名 Olive–sided Tit Babbler；Rufous–capped Fulvetta

别　　名 橄榄胁雀鹛、褐头雀鹛、锈冠雀鹛

鸣禽，体长 13～15cm，体重 14～22g。头顶棕褐色，具黑色侧冠纹和宽阔的白色眉纹，眼先黑色。上体包括两翅和尾橄榄褐色。颏、喉、胸、腹白色，腹和胸沾皮黄色，两胁橄榄褐色，尾下覆羽茶黄色。主要栖息于海拔 2500m 以下的山地常绿阔叶林、次生林和针阔叶混交林中，也栖息于林缘疏林灌丛草坡和耕地以及居民点附近的稀树灌丛草地。主要以甲虫、蝗虫、椿象、步行虫、鳞翅目幼虫等昆虫和昆虫幼虫为食，也吃虫卵和少量植物果实与种子等植物性食物。营巢于林下植物发达的常绿阔叶林中，海拔高度 1000～2500m，巢多置于林下草丛中地上。

在湖南省为留鸟。种群数量稀少。全省山地有分布，偶见。

hè dǐng què méi

褐顶雀鹛

拉丁学名 *Schoeniparus brunneus*

英 文 名 Dusky Fulvetta

别　　名 褐雀鹛

鸣禽，体长 13 ~ 15cm，体重 16 ~ 23g。头顶棕褐色或橄榄褐色具黑色侧冠纹，头侧和颈侧灰褐色，上体橄榄褐色。下体近白色，两胁橄榄褐色，尾下覆羽茶黄色。主要栖息于海拔 1800m 以下的低山丘陵和山脚林缘地带的次生林、阔叶林和林缘灌丛与竹丛中，也出现于居民点附近的稀树灌丛草地。主要以昆虫为食，也吃少量植物的果实与种子等植物性食物。巢多置于靠近地面的灌丛中。

在湖南省为留鸟。种群数量稀少。湘西北山地有分布，少见。

— 拉丁学名 *Alcippe morrisonia*
— 英 文 名 Grey–cheeked Fulvetta
— 别　　名 灰头雀鹛、灰脸雀鹛、白眶雀鹛

huī kuàng què méi

灰眶雀鹛

鸣禽，体长13～15cm，体重15～19g。头、颈灰褐色，头侧和颈侧深灰色，头顶两侧有不明显的暗色纵纹，灰白色眼圈在暗灰色的头侧甚为醒目。上体、两翅和尾表面橄榄褐色。颏、喉浅灰色，胸以下淡棕色或橄榄褐色。栖息于中低山地和山脚平原地带的森林和灌丛中。主要以昆虫和昆虫幼虫为食，也吃植物的果实、种子、叶、芽。营巢于林下灌丛近地面的枝杈上。

在湖南省为留鸟。种群数量较少。全省各地均有分布，常见。

（二十六）噪鹛科

máo wén cǎo méi

矛纹草鹛

- 拉丁学名 *Babax lanceolatus*
- 英 文 名 Chinese Babax
- 别　　名 草鹛、条纹山噪鹛

鸣禽，体长 25 ~ 29cm，体重 64 ~ 88g。头顶和上体暗栗褐色具灰色或棕白色羽缘，形成栗褐色或灰色纵纹。下体棕白色或淡黄色，胸和两胁具暗色纵纹，髭纹黑色。尾褐色具黑色横斑。主要栖息于稀树灌丛、草坡、竹丛、阔叶林与林缘灌丛中。食性杂，以昆虫、昆虫幼虫为主，也吃植物果实、种子和部分农作物。营巢于灌丛中。

在湖南省为留鸟。种群数量较少。全省山地有分布，少见。

拉丁学名 *Garrulax canorus*

英 文 名 Hwamei

别　　名 金画鹛

huà méi
画 眉

鸣禽，体长 21 ~ 24cm，体重 54 ~ 75g。眼圈白色，并沿上缘形成一窄纹向后延伸至枕侧，形成清晰的白色眉纹，极为醒目。颏、喉、上胸和胸侧棕黄色杂以黑褐色纵纹，其余下体亦为棕黄色，腹中部污灰色。栖息于低海拔的低山、丘陵和山脚平原地带的矮树丛及灌丛中，也栖于林缘、农田、旷野、村落附近小树丛、竹林及庭园内。以昆虫为食，主要有铜绿金龟子、象甲、蝗虫、椿象、松毛虫、甲虫、蚂蚁、蜂类等。也吃野生植物的果实和种子。巢多置于灌木上，距地面高 0.3 ~ 2m。

在湖南省为留鸟。种群数量较少。全省各地均有分布，常见。我国特产鸟类。

拉丁学名 *Garrulax cineraceus*

英 文 名 Moustached Laughing thrush

别　　名 土画眉

huī chì zào méi

灰翅噪鹛

鸣禽，体长 21 ~ 25cm，体重 44 ~ 57g。额黑色，头顶黑或灰色，眼先、脸白色。上体橄榄褐至棕褐色，尾和内侧飞羽具窄的白色端斑和宽阔的黑色亚端斑，外侧初级飞羽外翈蓝灰色或灰色，颧纹黑色。下体多为浅棕色，嘴、脚黄色。主要栖息于海拔 600 ~ 2600m 的常绿阔叶林、落叶阔叶林、针阔叶混交林、竹林和灌木林等各类森林中。主要以天牛、甲虫、毛虫、蝼蛄、蚂蚁等昆虫为食。此外也吃甲壳动物和多足纲动物。植物性食物主要为植物果实、种子和草子等。营巢于小树和苦竹枝杈间，两巢距地高分别为 0.8m 和 1.5m。

在湖南省为留鸟。种群数量稀少。全省各地都有分布，偶见。

yǎn wén zào méi

眼纹噪鹛

拉丁学名 *Garrulax ocellatus*

英 文 名 White – Spotted Laughing thrush

别　　名 土画眉

鸣禽，体长 30 ~ 34cm，体重 106 ~ 137g。头、颈黑色，脸、眉纹和颏茶黄色，上体棕褐色满杂以白色、黑色和皮黄色斑点，飞羽具白色端斑，尾具白色端斑和黑色亚端斑。喉黑色，胸棕黄色具黑色横斑。主要栖息于海拔 1400 ~ 3100m 的杂木林、亚热带常绿阔叶林等茂密的山地森林中，也栖息于林缘和耕地旁边的灌丛与竹丛内。主要以昆虫为食，也食植物果实与种子。通常营巢于较高的云杉等大树上。

在湖南省为留鸟。种群数量稀少。湘西北山地有分布，偶见。

hēi liǎn zào méi

黑脸噪鹛

拉丁学名 *Garrulax perspicillatus*

英文名 Masked Langhing thrush

别 名 黑脸画鹛、土画鹛

鸣禽，体长 27 ~ 32cm，体重 98 ~ 142g。头顶至后颈褐灰色，额、眼先、眼周、颊、耳羽黑色，形成一条围绕额部至头侧的宽阔黑带。背暗灰褐色至尾上覆羽转为土褐色。颏、喉灰褐色，胸、腹棕白色，尾下覆羽棕黄色。主要栖息于平原和低山丘陵地带灌丛与竹丛中。食性杂，以昆虫为主，也吃其他无脊椎动物、植物果实、种子和部分农作物。营巢于低山丘陵和村寨附近小块丛林或竹林中。

在湖南省为留鸟。种群数量稀少。全省各地均有分布，易见。我国特产鸟类。

拉丁学名 *Garrulax albogularis*
英 文 名 White-throated Laughingthrush
别 名 白喉笑鸫

bái hóu zào méi
白喉噪鹛

鸣禽，体长 26 ~ 30cm，体重 88 ~ 150g。前额或整个头顶棕栗色，其余上体橄榄褐色。颏、喉白色，胸具橄榄褐色横带，腹灰棕色或棕白色。外侧四对尾羽具宽阔的白色端斑。主要栖息于海拔 800 ~ 1500m 的低山、丘陵和山脚地带的各种森林和竹林中，也栖于林缘、疏林草坡、灌丛、农田、地边和村寨附近的灌丛与小林内。主要以昆虫为食。昆虫主要为金龟子、椿象等鞘翅目、半翅目和鳞翅目等昆虫。营巢于山地森林中，巢多置于林下灌木或距地不高的小树枝杈上。

在湖南省为留鸟。种群数量稀少。湘西山地有分布，少见。

xiǎo hēi lǐng zào méi

小黑领噪鹛

拉丁学名　*Garrulax monileger*

英 文 名　Lesser Necklaced Laughingthrus

别　　名　领笑鸫

鸣禽，体长 27 ~ 29cm，体重 75 ~ 90g。上体棕橄榄褐色，后颈有一宽的橙棕色颈环，一条细长的白色眉纹在黑色贯眼纹衬托下极为醒目。眼先黑色，耳羽灰白色，上下缘以黑纹。下体几全为白色，胸部横贯一条黑色胸带。主要栖息于海拔 1300m 以下的低山和山脚平原地带的阔叶林、竹林和灌丛中，尤以栎树为主的常绿阔叶林和沟谷林较喜欢。主要以昆虫为食。也吃植物的果实与种子。营巢于低山阔叶林中，通常置巢于林下灌丛、竹丛或小树上。

在湖南省为留鸟。种群数量稀少。湘南山地有分布，偶见。

hēi lǐng zào méi

黑领噪鹛

— 拉丁学名 *Garrulax pectoralis*

— 英文名 Greater Necklaced Laughing thrush

— 别　名 领笑鸫

鸣禽，体长28~30cm，体重135~160g。上体棕褐色。后颈栗棕色，形成半领环状。眼先棕白色，白色眉纹长而显著，耳羽黑色而杂有白纹。下体几全为白色，胸有一黑色环带，两端多与黑色颧纹相接。主要栖息于海拔1500m以下的低山和山脚平原地带的阔叶林中，也出入于林缘疏林和灌丛。主要以甲虫、金花虫、蜻蜓、天蛾卵和幼虫以及蝇等昆虫为食，也吃草子和其他植物果实与种子。通常营巢于低山阔叶林中，巢多置于林下灌丛、竹丛或幼树上。

在湖南省为留鸟。种群数量稀少。全省各地均有分布，偶见。

zōng zào méi

棕噪鹛

拉丁学名 *Garrulax berthemyi*

英 文 名 Buffy Laughing thrush

别　　名 棕画眉、土画眉

鸣禽，体长 25 ~ 28cm，体重 80 ~ 100g。上体赭褐色，头顶具黑色羽缘，尾上覆羽灰白色，尾羽棕栗色，外侧尾羽具宽阔的白色端斑。额、眼先、眼周、耳羽上部、脸前部和颏黑色，眼周裸皮蓝色，极为醒目。喉和上胸与背同色，下胸至腹蓝灰色。腹部及初级飞羽羽缘灰色，臀白。主要栖息于海拔 1000 ~ 2700m 的山地常绿阔叶林中，尤以林下植物发达、阴暗、潮湿和长满苔藓的岩石地区较常见。主要以昆虫为食，也食植物果实与种子。通常营巢于低矮乔木枝椏上。

在湖南省为留鸟。种群数量稀少。全省山地有分布，偶见。

拉丁学名 *Garrulax sannio*

英 文 名 White－browed Langhing thrush

别　　名 白颊笑鹛、土画鹛、小噪鹛

bái jiá zào méi

白颊噪鹛

鸣禽，体长 21～25cm，体重 52～80g。头顶栗褐色，眼先、眉纹和颊白色。上体棕褐色，尾棕栗色。下体栗褐色，尾下覆羽红棕色。栖息于低山丘陵和山脚平原等地的矮树灌丛和竹丛中，也栖息于林缘、农田和村庄附近的灌丛、芦苇丛和稀树草地等。主要以昆虫和昆虫幼虫等动物性食物为食，也吃植物的果实和种子。营巢于柏树、棕树、竹和荆棘等灌丛中。

在湖南省为留鸟。种群数量较丰富。全省各地均有分布，常见。

拉丁学名 *Trochalopteron elliotii*

英 文 名 Elliot's Lauging thrush

别　　名 土画鹛

chéng chì zào méi

橙翅噪鹛

鸣禽，体长 22 ~ 25cm，体重 52 ~ 80g。头顶深葡萄灰色或沙褐色。上体灰橄榄褐色，外侧飞羽外翈蓝灰色、基部橙黄色，中央尾羽灰褐色，外侧尾羽外翈绿色而缘以橙黄色并具白色端斑。喉、胸棕褐色，下腹和尾下覆羽砖红色。栖息于海拔 1500 ~ 3400m 的山地和高原森林与灌丛中，也栖息于林缘疏林灌丛、竹灌丛、农田和溪边等开阔地区的柳灌丛、忍冬灌丛、杜鹃灌丛和方枝柏灌丛中。主要以昆虫和植物果实、种子为食，属杂食性。通常营巢于林下灌木丛中，巢多筑于灌木或幼树低枝上，距地高 0.5 ~ 0.7m。

在湖南省为留鸟。种群数量稀少。湘西北山地有分布，偶见。

拉丁学名 *Trochalopteron milnei*
英 文 名 Red－tailed Laughing thrush
别 名 赤尾噪鹛

hóng wěi zào méi

红尾噪鹛

鸣禽，体长 24～28cm，体重 66～93g。头顶至后颈红棕色，两翅和尾鲜红色，眼先、眉纹、颊、颏和喉黑色，眼后有一灰色块斑。其余上下体羽大都暗灰或橄榄灰色。主要栖息于海拔 1500～2500m 的常绿阔叶林、竹林和林缘灌丛地带，冬季也下到山脚和沟谷等低海拔地区。主要以昆虫和植物果实、种子为食。通常营巢于茂密的常绿阔叶林中，巢多置于林下灌木上或小树上。

在湖南省为留鸟。种群数量非常稀少。湘西北山地有分布，罕见。

拉丁学名 *Siva cyanouroptera*

英 文 名 Blue－winged Minla

lán chì xī méi

蓝翅希鹛

鸣禽，体长 14～16cm，体重 14～28g。头具羽冠。头顶灰褐色，具黑色和淡蓝色条纹。眉纹和眼周白色。上体及尾上覆羽赭褐色。尾羽上面暗灰色具蓝色边缘，外侧尾羽边缘黑色。颏至上胸灰色沾淡葡萄酒色。腹部中央和尾下覆羽白色。主要栖息于亚热带或热带海拔 600～2400m 的阔叶林、针阔叶混交林、针叶林和竹林中，尤以茂密的常绿阔叶林和次生林较常见。主要以白蜡虫、甲虫等昆虫和昆虫幼虫为食，也吃少量植物果实与种子。营巢于林下灌丛中。

在湖南省为留鸟。种群数量非常稀少。湘西南山地有分布，罕见。

hóng wěi xī méi

红尾希鹛

拉丁学名 *Minla ignotincta*

英文名 Red–tailed Minla

别　名 火尾希鹛

鸣禽，体长 12 ~ 15cm，体重 13 ~ 19g。雄鸟前额、头顶、枕、头侧和后颈概为灰黑色，眉纹白色、长而宽阔，从额侧基部向后延伸至后颈。尾上覆羽黑色，尾黑色具鲜红色外缘和先端。颏、喉、颊白色或淡黄白色，胸和腹淡黄色或淡黄白色，尾下覆羽黄色，胸侧和两胁浅灰色。雌鸟和雄色大致相似，但飞羽外翈边缘白色或微沾黄色，尾羽外翈末端无红色或红色浅淡，背多为橄榄褐色。虹膜浅褐白色或淡灰色，上嘴黑色，下嘴黄褐或铅黄色，脚黄绿色或橄榄褐色。主要栖息于海拔 1500 ~ 2500m 的常绿阔叶林和混交林中，也活动于次生林、竹林和林缘疏林灌丛地带。主要以甲虫等昆虫为食，也吃部分植物果实与种子。营巢于海拔 1500 ~ 2500m 的常绿阔叶林中。

在湖南省为留鸟。种群数量非常稀少。湘西南山地有分布，偶见。

雄

雌

hóng zuǐ xiāng sī niǎo

红嘴相思鸟

拉丁学名 *Leiothrix lutea*

英 文 名 Red–billed Leiothrix

别　　名 相思鸟、红嘴鸟

鸣禽，体长 13 ~ 16cm，体重 14 ~ 29g。嘴赤红色，上体暗灰色，眼先、眼周淡黄色。两翅具黄色和红色翅斑，尾叉状，颏、喉黄色，胸橙黄色。栖息于稍高的山地常绿阔叶林、常绿落叶混交林、竹林和林缘疏林灌丛中。主要以毛虫、甲虫、蚂蚁等昆虫为食，也吃植物的果实和种子。营巢于林缘灌丛或竹丛中。

在湖南省为留鸟。种群数量较丰富。全省各地均有分布，易见。湖南省省鸟。

hēi tóu qí méi

黑头奇鹛

拉丁学名 *Heterophasia desgodinsi*

英 文 名 Black-headed Sibia

别　　名 鹊色奇鹛

鸣禽，体长 20～24cm，体重 30～50g。前额、头顶一直到后颈黑色具有金属光泽。上体褐灰色，尾羽暗褐色具灰白色端斑。飞羽褐色，外翈黑色。下体几纯白色，仅胸和体侧沾灰。主要栖息于海拔 1200～2500m 的山地阔叶林和针阔叶混交林中，冬季也栖息于海拔 1000m 以下的沟谷林、次生林、竹林和林缘疏林灌丛地带。主要以鞘翅目、直翅目、膜翅目、蜂、蜻蜓等昆虫、昆虫幼虫和虫卵为食，也吃植物果实和种子。通常营巢于沟谷中大树顶端细的侧枝枝叶间，隐蔽甚好。

在湖南省为留鸟。种群数量稀少。湘南与湘西北山地有分布，少见。

（二十七）䴓　科

pǔ tōng shī

普通䴓

拉丁学名　*Sitta europaea*

英 文 名　Eurasian Nuthatch

别　　名　欧亚䴓、森林䴓、蓝大胆、穿树皮

鸣禽，体长 11～15cm，体重 14～23g。嘴细长而直，长约 1.5cm。上体灰蓝色，具有一条明显的黑色贯眼纹沿头侧伸向颈侧。颏、喉为白色，颈侧、喉、胸部和腹部两侧栗色，下腹土黄褐色。主要栖息于针阔叶混交林、针叶林和阔叶林中，也出现于低山丘陵、山脚平原、路边、果园和居民点附近的树林内。主要以昆虫为食，也吃植物的种子等。多营巢于溪流沿岸的杨树、桦树、椴树等阔叶树的树洞中。

在湖南省为留鸟。种群数量非常稀少。全省各地有分布，罕见。

hóng chì xuán bì què

红翅旋壁雀

拉丁学名 *Tichodroma muraria*

英文名 Wallcreeper

鸣禽，体长 12～17cm，体重 15～23g。尾短而嘴长，翼具醒目的绯红色斑纹。繁殖期雄鸟脸及喉黑色，雌鸟黑色较少。非繁殖期成鸟喉偏白，头顶及脸颊沾褐。飞羽黑色，外侧尾羽羽端白色显著，初级飞羽两排白色斑点飞行时成带状。主要栖息在悬崖和陡坡壁上以及亚热带常绿阔叶林和针阔混交林带中的山坡壁上。主要以昆虫为食，也吃少量蜘蛛和其他无脊椎动物等。营巢于人类难以到达的悬崖峭壁岩石缝隙中。

在湖南省为冬候鸟。种群数量非常稀少。全省山地有分布，罕见。

雄

雌

（二十八）鹪鹩科

拉丁学名 *Troglodytes troglodytes*

英文名 Eurasian Wren

jiāo liáo
鹪 鹩

鸣禽，体长 9～11cm，体重 7～13g。头部浅棕色，有白色或灰白色眉纹。上体连尾栗棕色，布满黑色细斑。胸腹部白色杂以黑色波形斑纹。尾短小而柔软，常向上翘。主要栖息于森林、灌木丛、小城镇和郊区的花园、农场的小片林区、城市边缘的林带、岸边草丛。主要以蜘蛛、毒蛾、螟蛾、天牛、小蠹、象甲、椿象等昆虫。通常营巢于树洞、岩洞、建筑物、岸边洞隙里。

在湖南省为留鸟。种群数量非常稀少。湘西北壶瓶山等山地有分布，偶见。

（二十九）河乌科

— 拉丁学名 *Cinclus pallasii*
— 英 文 名 Brown Dipper
— 别　　名 水乌鸦、小水乌鸦

hè hé wū
褐河乌

鸣禽，体长 19 ~ 24cm，体重 57 ~ 137g。成鸟通体乌黑色或咖啡黑色，背和尾上覆羽具棕红色羽缘。幼鸟上体黑褐色具黄色鳞状斑，下体自胸以下至尾下覆羽具棕褐色弧形斑。栖息活动于河流中的大石上或河岸崖壁凸出部，从不到河流两岸树上停落。主要在水中取食，以水生昆虫及其他水生小型无脊椎动物为食。巢筑于河流两岸石隙间、石壁凹处、树根下或垂岩下边。

在湖南省为留鸟。种群数量稀少。全省山地有分布，少见。

成鸟

亚成鸟

（三十）椋鸟科

拉丁学名　*Acridotheres cristatellus*

英 文 名　Crested Myna

别　　名　凤头八哥、牛屎八哥

bā gē
八　哥

鸣禽，体长 23 ~ 28cm，体重 78 ~ 150g。通体黑色，前额有长而竖直的羽簇，有如冠状，翅具白色翅斑，尾羽和尾下覆羽具白色端斑。嘴乳黄色，脚黄色。栖息于低山丘陵和山脚平原地带的次生阔叶林、竹林及林缘疏林中。以蝗虫、蚱蜢、金龟子、蛇、毛虫、地老虎、蝇、虱等昆虫和昆虫幼虫为食，也吃谷粒、植物果实和种子等。营巢于树洞、建筑物洞穴中。

在湖南省为留鸟。种群数量丰富。全省各地均有分布，常见。

拉丁学名 *Spodiopsar sericeus*

英 文 名 Silky Starling

别　　名 牛屎八哥、丝毛椋鸟

sī guāng liáng niǎo

丝光椋鸟

雌

鸣禽，体长 20～23cm，体重 65～83g。嘴朱红色尖端黑色，脚橙黄色。雄鸟头具白色或棕白色丝状羽，背深灰色，胸灰色，往后渐变淡，两翅和尾黑色。雌鸟头顶前部棕白色，后部灰暗色，上体灰褐色，下体浅灰褐色。栖息于低海拔的低山丘陵和山脚平原地区的次生林、小块丛林及稀树草坡等生境。以昆虫为食，尤其喜食地老虎、甲虫、蝗虫等害虫。营巢于树洞和屋顶洞穴中。

在湖南省为留鸟。种群数量较丰富。全省各地均有分布，易见。我国特产鸟类。

雄

- 拉丁学名 *Spodiopsar cineraceus*
- 英 文 名 White – cheeked Starling
- 别　　名 高粱头

huī liáng niǎo

灰椋鸟

雌

雄

鸣禽，体长 20 ~ 24cm，体重 65 ~ 105g。头顶至后颈黑色，额和头顶杂有白色，颊和耳覆羽白色杂有黑色纵纹。上体灰褐色，尾上覆羽白色，颏、喉、胸、上腹和两胁暗灰褐色，腹中部和尾下覆羽白色，嘴橙红色，尖端黑色，脚橙黄色。栖息于低山丘陵和山脚平原地带的疏林草甸、河谷阔叶林和次生阔叶林中。主要以昆虫为食，也吃少量植物果实与种子。营巢于阔叶林天然树洞或啄木鸟废弃的树洞中。

在湖南省为冬候鸟。种群数量丰富。全省各地均有分布，易见。

拉丁学名 *Gracupica nigricollis*
英 文 名 Black-collared Starling
别　　名 黑脖八哥、白头椋鸟

hēi lǐng liáng niǎo

黑领椋鸟

鸣禽，体长 27～29cm，体重 134～180g。整个头和下体白色，上胸黑色并向两侧延伸至后颈，形成宽阔的黑色颈环，极为醒目。腰白色，其余上体、两翅和尾黑色，尾具白色端斑。眼周裸皮黄色，嘴黑色，脚黄色。栖息于山脚平原、草地、农田、灌丛、荒地、草坡等开阔地带。主要以昆虫为食。营巢于高大乔木上，置巢于树冠层枝杈间。在湖南省为留鸟。种群数量非常稀少。湘中以南地区有分布，罕见。

bĕi liáng niǎo

北椋鸟

— 拉丁学名 *Agropsar sturninus*

— 英 文 名 Daurian Starling

— 别　　名 燕八哥、小椋鸟

鸣禽，体长 16 ~ 19cm，体重 45 ~ 60g。头顶至上背淡灰色至暗灰色，枕部具一紫黑色块斑，其余上体黑色具紫色光泽。尾上覆羽棕白色，翅和尾黑色，翅和肩部有白色带斑，头侧和下体灰白色。栖息于低山丘陵和平原地区的次生阔叶林、林缘疏林、灌丛、农田、草地和村屯附近的小块丛林内。主要以昆虫为食，也吃植物的果实和种子。营巢于树洞和房屋墙壁洞穴中。

在湖南省为旅鸟。种群数量非常稀少。全省各地均有分布，偶见。

huī bèi liáng niǎo

灰背椋鸟

拉丁学名 *Sturnia sinensis*

英文名 White-shouldered Starling

鸣禽，体长 17～20cm，体重 37～51g。额和头顶白色，翅覆羽具大的白斑。头侧、颈侧和背灰色，腰和尾上覆羽紫灰色。尾暗绿色，尖端灰白色。下体近白色，嘴蓝色，脚灰色。栖息于低山、丘陵和平原等开阔地区。主要以榕果、浆果等植物果实、种子和昆虫为食。营巢于天然树洞中，也在和房屋墙壁洞穴或裂缝中营巢。

在湖南省为夏候鸟。种群数量非常稀少。全省各地有分布，偶见。

zǐ chì liáng niǎo

紫翅椋鸟

— 拉丁学名 *Sturnus vulgaris*

— 英文名 Common Starling

— 别　名 黑斑椋鸟、亚洲椋鸟

鸣禽，体长 20～24cm，体重 60～85g。通体黑色具紫色和绿色金属光泽。冬羽除两翅和尾外，上体各羽端具白色斑点，下体具白色斑点。栖息于平原和山地的林缘、疏林、农田、果园、居民点附近等开阔地带。主要以昆虫为食，也吃少量植物的果实和种子。营巢于各种天然树洞中。

在湖南省为旅鸟。种群数量非常稀少。湘中以北的采桑湖等地有分布，偶见。

（三十一）鸫　科

- 拉丁学名　*Geokichla citrina*
- 英 文 名　Orange-headed Thrush
- 别　　名　黑耳地鸫

chéng tóu dì dōng

橙头地鸫

鸣禽，体长 18 ~ 22cm，体重 51 ~ 60g。头、颈和下体橙栗色，其余上体包括两翅和尾蓝灰色或橄榄灰色，翅上多具白色翅斑。主要栖息于低山丘陵和山脚地带的山地森林中。以甲虫、竹节虫等昆虫和昆虫幼虫为食，也吃植物的果实和种子。营巢于山地的灌木上或小树上。雏鸟晚成性。

在湖南省为旅鸟。种群数量非常稀少。湘中以北地区有分布，偶见。

bái méi dì dōng

白眉地鸫

— 拉丁学名 *Geokichla sibirica*

— 英文名 Siberian Thrush

— 别 名 地穿草鸫、西伯利亚鸫、白眉麦鸡、阿南鸡、黑老婆

鸣禽，体长 21 ~ 24cm，体重 57 ~ 90g。雄鸟石板灰黑色，眉纹白色，尾羽羽端及臀白色。雌鸟上体橄榄褐色，下体皮黄白或赤褐色，眉纹皮黄白色。主要栖息于林下植物发达的针阔叶混交林、阔叶林和针叶林中尤其喜欢在河流等水域附近的森林中栖息。以甲虫、竹节虫等昆虫和昆虫幼虫为食，也吃蠕虫等小型无脊椎动物和少量植物的果实和种子。通常营巢于针叶林和针阔混交林中林下灌木较发达的沟谷与溪流沿岸树林中。在湖南省为旅鸟。种群数量非常稀少。湘中以南山地有分布，偶见。

雌

雄

hǔ bān dì dōng

虎斑地鸫

- 拉丁学名 *Zoothera aurea*
- 英 文 名 White's Thrush
- 别 名 虎斑山鸫、虎鸫

鸣禽，体长26~30cm，体重124~174g。上体金橄榄褐色满布黑色鳞片状斑。下体浅棕白色，除颏、喉和腹中部外，亦具黑色鳞状斑。主要栖息于阔叶林、针阔混交林和针叶林中。地栖性。主要以昆虫和无脊椎动物为食，也吃少量植物的果实、种子和嫩叶等植物性食物。营巢于溪流两岸的混交林和阔叶林中的不高的树干枝杈处。

在湖南省为冬候鸟或旅鸟。种群数量非常稀少。全省各地均有分布，偶见。

huī bèi dōng

灰背鸫

— 拉丁学名 *Turdus hortulorum*

— 英文名 Grey–backed Thrush

— 别　　名 灰青鸫、金胸鸫

鸣禽，体长20～23cm，体重50～73g。雄鸟上体石板灰色，颏、喉灰白色，胸淡灰色，两胁和翅下覆羽橙栗色，腹白色，两翅和尾黑褐色。雌鸟颏和喉淡黄色具黑褐色羽干纹，胸白色具黑色纵纹。栖息在低山丘陵地带的茂密森林中。以昆虫为食，也吃蚯蚓等其他动物和植物的果实与种子等。营巢于林下幼树枝杈上。

在湖南省为冬候鸟。种群数量非常稀少。全省各地有分布，少见。

—
雄

—
雌

wū huī dōng

乌灰鸫

拉丁学名 *Turdus cardis*

英文名 Japanese Grey Thrush

别　　名 黑鸫、灰背黄春鸟

鸣禽，体长 20 ~ 23cm，体重 56 ~ 84g。雄鸟头、颈、上体、颏、喉和胸均为黑色，其余下体白色，上腹和两胁有黑色斑点。雌鸟上体橄榄色，颏、喉灰白色具褐色斑点，两侧褐色连成一条线状；胸灰色具黑褐色斑点，胸侧和两胁以及翼下覆羽和腋羽橙棕色。主要栖息于山地森林中，尤以阔叶林、针阔混交林、人工松树林和次生林多被选择。主要以昆虫为食，也吃植物的果实与种子。营巢于林下小树枝杈上。

在湖南省为夏候鸟或旅鸟。种群数量较少。全省各地有分布，少见。

— 拉丁学名 *Turdus boulboul*

— 英 文 名 Grey－winged Blackbird

huī chì dōng

灰翅鸫

雌

鸣禽，体长 27～29cm，体重 89～105g。雄鸟：似乌鸫，但宽阔的灰色翼纹与其余体羽成对比。腹部黑色具灰色鳞状纹，嘴比乌鸫的橘黄色多，眼圈黄色。雌鸟全橄榄褐色，翼上具浅红褐色斑。主要栖息于山地阔叶林、针阔混交林中，有时也栖于树上，性胆怯。善于隐蔽。主要以甲虫、毛虫等昆虫和昆虫幼虫为食，也吃植物的果实与种子。营巢于林下小树上。

在湖南省为夏候鸟。种群数量较少。湘西北地区有分布，偶见。

雄

wū dōng
乌 鸫

拉丁学名 *Turdus mandarinus*

英 文 名 Chinese Blackbird

别 名 黑鸟、百舌、反舌、牛屎八八

鸣禽，体长 26～28cm，体重 55～126g。雄鸟通体黑色，嘴和眼周橙黄色，脚黑褐色。雌鸟通体黑褐色而沾锈色，下体尤著，有不明显的暗色纵横。喜欢栖息在林区外围、林缘疏林、农田地旁树林、果园和村庄附近的小树林中。以昆虫和昆虫幼虫为食，也吃植物的果实和种子。营巢于村寨附近、房前屋后和田园中乔木主干分枝处。雏鸟晚成性。

在湖南省为留鸟。种群数量丰富。全省各地均有分布，常见。

huī tóu dōng
灰头鸫

— 拉丁学名 *Turdus rubrocanus*
— 英 文 名 Chestnut Thrush

鸣禽，体长 23 ~ 29cm，体重 85 ~ 125g。雄鸟前额、头顶、眼先、头侧、枕、后颈、颈侧、上背烟灰或褐灰色，背、肩、腰和尾上覆羽暗栗棕色，两翅和尾黑色。颏、喉和上胸烟灰色或暗褐色，颏、喉杂有灰白色，下胸、腹和两胁栗棕色，尾下覆羽黑褐色杂有灰白色羽干纹和端斑。雌鸟和雄鸟相似，但羽色较淡，颏、喉白色具暗色纵纹。

主要栖息于山地阔叶林、针阔混交林中。主要以昆虫和昆虫幼虫为食，也吃植物的果实和种子。营巢于林下小树枝杈上。雏鸟晚成性。

在湖南省为留鸟。种群数量丰富。湘西北的壶瓶山等地有分布，罕见。

bái méi dōng

白眉鸫

拉丁学名 *Turdus obscurus*

英文名 Eyebrowed Thrush

别 名 窜鸡、灰头鸫、白腹鸫、白腹穿草鸡

鸣禽，体长 19～23cm，体重 49～89g。雄鸟头、颈灰褐色，具长而显著的白色眉纹，眼下有一白斑，上体橄榄褐色，胸和两胁橙黄色，腹和尾下覆羽白色。雌鸟头和上体橄榄褐色，喉白色而具褐色条纹。迁徙栖息于常绿阔叶林、杂木林、人工松树林、果园和农田地带。主要以鞘翅目、鳞翅目等昆虫和昆虫幼虫为食，也吃其他小型无脊椎动物和植物果实与种子。营巢于林下小树或高的灌木枝杈上。

在湖南省为旅鸟。种群数量非常稀少。全省山地有分布，偶见。

雄

雌

雄

bái fù dōng

白腹鸫

— 拉丁学名 *Turdus pallidus*

— 英 文 名 Pale Thrush

— 别　　名 穿鸡、浅色鸫

鸣禽，体长 21～24cm，体重 66～81g。头灰褐色，无眉纹，背橄榄褐色，尾黑褐色沾灰，外侧尾羽具宽阔的白色端斑。颏白色，喉灰色，其余下体白色沾灰。栖息于低山丘陵地带的林缘、耕地和道边次生林中。主要以昆虫为食，也吃植物的果实和种子。营巢于林下小树或灌木枝杈上。雏鸟晚成性。

在湖南省为冬候鸟。种群数量非常稀少。全省各地有分布，偶见。

- 拉丁学名 *Turdus naumanni*
- 英 文 名 Naumann's Thrush
- 别 名 红尾鸫、斑鸫、穿草鸡、红麦鸡、斑点鸡

hóng wěi bān dōng

红尾斑鸫

鸣禽，体长20～24cm，体重48～88g。上体颜色以灰褐为主，翼缘黄褐色，尾羽红褐色。下体胸、胁密布栗红色鳞状斑。眉棕红色，脸有时沾红棕色。冬季栖息于森林和林地边缘地带，也出现于农田、果园、村镇附近草地和路边树上。以昆虫和昆虫幼虫为食。营巢于树干水平枝杈上，也在树桩或地面上营巢。

在湖南省为旅鸟。种群数量较少。全省各地均有分布，少见。

bān dōng
斑 鸫

— 拉丁学名 *Turdus eunomus*
— 英 文 名 Dusky Thnush
— 别　　名 穿草鸡、红麦鸡、斑点鸡

鸣禽，体长 20 ~ 24cm，体重 48 ~ 88g。上体从头至尾暗橄榄褐色杂有黑色；下体白色，喉、颈侧、两胁和胸具黑色斑点，有时在胸部密集成横带；两翅和尾黑褐色，翅上覆羽和内侧飞羽具宽的棕色羽缘；眉纹白色，翅下覆羽和腋羽灰棕色。冬季栖息于杨树林、杂木林、松林和林缘灌丛地带，也出现于农田、地边、果园、灌丛草地和路边树上。以昆虫为食，主要有鳞翅目幼虫、蝗虫、金龟子、甲虫、步行虫等，也吃植物的果实和种子。营巢于树干枝杈上，也在树桩或地上营巢。

在湖南省为冬候鸟。种群数量丰富。全省各地均有分布，易见。

拉丁学名 *Turdus mupinensis*
英 文 名 Chinese Thrush
别　　名 中国斑鸫、东方歌鸫

bǎo xīng gē dōng
宝兴歌鸫

鸣禽，体长 20 ~ 24cm，体重 51 ~ 74g。上体橄榄褐色，眉纹棕白色，耳羽淡皮黄色具黑色端斑，在耳区形成显著的黑色块斑。下体白色，密布圆形黑色斑点。栖息于山地河流附近潮湿茂密的栎树和松树混交林中。以昆虫为食。营巢于亚高山针阔混交林中树干枝杈上。

在湖南省为留鸟。种群数量非常稀少。湘西北地区有分布，罕见。

（三十二）鹟　科

hóng wěi gē qú

红尾歌鸲

拉丁学名　*Larvivora sibilans*

英 文 名　Rufous—tailed Robin

别　　名　红腿欧鸲

鸣禽，体长 13 ~ 15cm，体重 11 ~ 18g。上体橄榄褐色，尾上覆羽和尾红褐色或棕色。下体白色。颏、喉、胸和两胁有明显的褐色鳞状斑。栖息于林木稀疏而林下灌木密集的地方以及主要在地上和接近地面的灌木或树桩上活动。主要以各种昆虫为食。营巢于树干下部天然树中，也有在啄木鸟废弃的树洞中营巢。

在湖南省为冬候鸟。种群数量极为稀少。多分布于湘南山区，罕见。

拉丁学名 *Larvivora cyane*
英 文 名 Siberian Blue Robin
别　　名 蓝鸲、青鸲

lán gē qú
蓝歌鸲

雌

雄

鸣禽，体长 12 ~ 14cm，体重 11 ~ 19g。雄鸟上体暗蓝色，下体白色，两翅和尾暗褐色。雌鸟上体橄榄褐色，腰和尾上覆羽暗蓝色，翅上大覆羽具棕黄色末端，形成明显的棕黄色翅斑，下体白色，胸缀褐色有时沾皮黄色。栖息于低山丘陵和山脚地带的次生林、阔叶林和疏林灌丛中。主要以昆虫为食，也吃蜘蛛、小蚌壳等其他小型无脊椎动物。营巢于阴暗潮湿和多苔藓的林下地上。

在湖南省为旅鸟。种群数量极为稀少。全省山地有分布，罕见。

hóng hóu gē qú

红喉歌鸲

— 拉丁学名 *Calliope calliope*

— 英 文 名 Siberian Rubythroat

— 别　　名 红点颏、红脖

鸣禽，体长 14～17cm，体重 15～27g。雄鸟上体橄榄褐色，眉纹和颊纹白色，颏、喉红色，外面围有一圈黑色。胸灰色，腹白色。雌鸟颏、喉白色，胸沙褐色具棕白色眉纹和颧纹。栖息于低山丘陵和山脚平原地带的次生阔叶林和混交林中近水的地方。主要以昆虫为食，也吃少量植物性食物。营巢于次生林林缘或地边较茂密的灌丛中地上。

在湖南省为冬候鸟或旅鸟。种群数量极为稀少。全省各地有分布，罕见。

lán hóu gē qú

蓝喉歌鸲

拉丁学名 *Luscinia svecica*

英 文 名 Bluethroat

别　　名 蓝点颏、蓝脖子雀

鸣禽，体长 14 ~ 16cm，体重 13 ~ 22g。上体橄榄褐色或土褐色，眉纹白色，尾基栗红色，下体主要为白色而稍沾棕。雄鸟喉下部与胸上部有一由栗、蓝、栗组成的色带。雌鸟颏、喉白色，其余下体污白色。栖息于山地森林、灌丛和林缘疏林地带，也出入于芦苇沼泽和沙漠绿洲。主要以甲虫、蝗虫、鳞翅目昆虫和它们的幼虫为食。营巢于灌丛中或地上凹坑内。

在湖南省为旅鸟。种群数量极为稀少。全省各地均有分布。

雌

雄

hóng xié lán wěi qú

红胁蓝尾鸲

— 拉丁学名 *Tarsiger cyanurus*

— 英 文 名 Orange－flanked Bluetail

— 别　　名 蓝尾巴根子、蓝尾歌鸲、红胁歌鸲

鸣禽，体长 13 ~ 15cm，体重 10 ~ 17g。雄鸟上体蓝灰色，有一短的白色眉纹。下体白色，胸侧灰蓝，两胁橙棕色。雌鸟上体橄榄褐色，尾上覆羽和尾缀蓝色，颏、喉白色，胸缀褐色，胸侧和两胁橙红色。栖息于山地针叶林、针叶混交林和山上部林缘疏林灌丛地带。主要以甲虫、天牛、蚂蚁、金龟子、蚊、蜂等昆虫和昆虫幼虫为食，也吃少量植物果实与种子等。营巢于较茂密的暗针叶林中突出的树根和土崖上的洞穴中。雏鸟晚成性。

在湖南省为冬候鸟。种群数量稀少。全省各地均有分布，少见。

— 雌

— 雄

拉丁学名 *Brachypteryx leucophris*

英文名 Lesser Shortwing

bái hóu duǎn chì dōng

白喉短翅鸫

鸣禽，体长 12～13cm，体重约 15g。雄鸟眉纹白色，仅存于眼的前上方。上体棕褐或橄榄褐色，喉及腹中心白色，胸及两胁沾皮黄，上胸具白色杂斑。雌鸟似雄鸟但多棕褐色。栖息于海拔 1000～3200m 湿润山区森林下密丛及地面上。主要以昆虫及昆虫幼虫为食，也吃小型软体动物、甲壳类等无脊椎动物。营巢于树上、灌丛、竹丛或岩石间。

在湖南省为留鸟。种群数量极为稀少。仅湘南山地有分布，罕见。

lán duǎn chì dōng

蓝短翅鸫

拉丁学名 *Brachypteryx montana*

英 文 名 White—browed Shortwing

别　　名 白眉短膀

鸣禽，体长 12 ~ 14cm，体重 15 ~ 24g。雄鸟上体靛蓝色，眉纹白色，两翅和尾黑褐色，翅上有或无白色翅带。下体蓝灰色或暗褐色。雌鸟上体橄榄褐色，眼先和眼周锈色，下体橄榄褐色或赭褐色。栖息于海拔 1200 ~ 4500m 的常绿阔叶林和山顶林缘灌丛与草地上。主要以昆虫为食。营巢于树上或岩石苔藓中。

在湖南省为留鸟。种群数量非常稀少。全省山地有分布，罕见。

雌

雄

que qu

鹊鸲

拉丁学名 *Copsychus saularis*

英 文 名 Oriental Magpie Robin

别　　名 四喜、信鸟、猪屎雀

鸣禽，体长 19 ~ 22cm，体重 32 ~ 50g。雄鸟上体黑色，翅具白斑，下体前黑后白。雌鸟上体灰褐色，翅具白斑，下体前为灰褐色，后部白色。栖息于海拔 2000m 以下的低山、丘陵和山脚平原地带的次生林、竹林、林缘疏林、灌丛和小块丛林等地。以昆虫为食，偶尔也吃植物的果实和种子。营巢于树洞、墙壁洞穴及屋檐缝隙中。雏鸟晚成性。

在湖南省为留鸟。种群数量稀少。全省各地均有分布，易见。

雄

雌

lán é hóng wěi qú

蓝额红尾鸲

拉丁学名 *Phoenicuropsis frontalis*

英文名 Blue-fronted Redstart

别　名 中国蓝额

鸣禽，体长 14～16cm，体重 14～25g。雄鸟前额蓝色，其余头颈、背、颏、喉、胸皆为黑色沾蓝，两翅暗褐色，其余上下体羽橙棕色。中央尾羽黑色，外侧尾羽具黑色端斑。雌鸟上下体羽均暗褐色沾棕，但下体和两翅、尾及腰部稍淡。眼周有一明显的白圈。主要栖息于亚高山针叶林和高山灌丛草甸。主要以甲虫、蝗虫、毛虫、蚂蚁和鳞翅目幼虫为食，也吃少量植物果实与种子。营巢于地上倒木下或岩石掩护下的洞中。雏鸟晚成性。

在湖南省为留鸟。种群数量非常稀少。湘中以北地区有分布，偶见。

雌

雄

拉丁学名 *Phoenicurus hodgsoni*
英文名 Hodgson's Redstart
别 名 何氏鹟

hēi hóu hóng wěi qú
黑喉红尾鸲

雌

雄

鸣禽，体长 13～16cm，体重 15～25g。雄鸟前额白色，头顶至背灰色，腰、尾上覆羽和尾羽棕色或栗棕色，中央一对尾羽褐色，两翅暗褐色具白色翅斑。下体颏、喉、胸均黑色，其余下体棕色。雌鸟上体和两翅灰褐色，腰至尾和雄鸟相似，亦为棕色，眼周一圈白色，下体灰褐色，尾下覆羽浅棕色。多活动在地上草丛和灌丛中，也常在低矮树丛间飞来飞去，有时甚至停息在高的树枝上和在空中飞捕昆虫。停息时尾常不停地上下摆动。主要以步行虫、甲虫、蝗虫、蚂蚁、蛆等鳞翅目、双翅目、膜翅目等昆虫和昆虫幼虫为食，仅吃少量植物果实和种子。营巢于山边岩石、崖壁、岸边陡崖和墙壁等人类建筑物上洞和缝穴中。

在湖南省为留鸟。种群数量非常稀少。湘西北地区有分布，偶见。

拉丁学名 *Phoenicurus auroreus*
英 文 名 Daurian Redstart
别　　名 花红燕儿、朗鹟

bĕi hóng wĕi qú

北红尾鸲

雌

雄

鸣禽，体长 13 ~ 15cm，体重 13 ~ 22g。雄鸟头顶至背石板灰色，下背和两翅黑色具明显的白色翅斑，腰、尾上覆羽和尾橙棕色，前额基部、头侧、颈侧、颏、喉和上胸均为黑色，其余下体橙棕色。雌鸟上体橄榄褐色，两翅黑褐色具白斑，眼圈微白，下体暗黄褐色。主要栖息于山地、森林、河谷、林缘和居民点附近的灌丛与低矮树丛中。主要以昆虫为食，兼食少量浆果或种子。营巢于房屋墙壁破洞、缝隙、屋檐、顶棚或树洞、岩洞中。雏鸟晚成性。

在湖南省为冬候鸟。种群数量较丰富。全省各地均有分布，易见。

拉丁学名 *Rhyacornis fuliginosa*

英 文 名 Plumbeous Water Redstart

别　　名 溪红色鸲、铅色红尾鸲

hóng wěi shuǐ qú

红尾水鸲

雌

鸣禽，体长 13 ~ 14cm，体重 15 ~ 28g。雄鸟通体暗蓝灰色，两翅黑褐色，尾红色。雌鸟上体暗灰褐色，尾基部白色，翅褐色具两道白色点状斑，下体灰色具白色点状斑。主要栖息于山地溪流与河谷沿岸，偶见于湖泊、水库和水塘边。主要以昆虫为食，也吃少量植物的果实与种子。营巢于河谷与溪流岸边的悬崖洞隙等处。雏鸟晚成性。

在湖南省为留鸟。种群数量较少。全省各地均有分布，易见。

雄

拉丁学名 *Chaimarrornis leucocephalus*

英 文 名 White－capped Water Redstart

别　　名 白顶鹟、白顶溪红尾、白顶水

bái dǐng xī qú

白顶溪鸲

鸣禽，体长 16～20cm，体重 22～48g。头顶及颈背白色，腰、尾基部及腹部栗色，其余体羽黑色。常栖于山区河谷、山间溪流边的岩石上、河川的岸边、河中露出水面的巨大岩石上。主要以直翅目、鞘翅目、膜翅目、半翅目、鳞翅目等昆虫为食，并兼食少量盲蛛、软体动物、野果和草子等。营巢于山间急流岩岸的裂缝节、石头下、天然岩洞、树洞、岸旁树根间，偶尔也筑在水边或离水较远的树干上。雏鸟晚成性。

在湖南省为留鸟。种群数量较少。全省山地均有分布，少见。

拉丁学名 *Myiomela leucurum*
英 文 名 White-tailed Blue Robin
别　　名 白尾地鸲、白尾斑地鸲、白尾蓝欧鸲

bái wěi lán dì qú

白尾蓝地鸲

雄

鸣禽，体长 15～18cm，体重 23～27g。雄鸟通体蓝黑色，前额、眉纹和两肩灰钴蓝色，下颈两侧隐约可见白斑，除中央和外侧各一对尾羽外，其余尾羽基部具白色，在黑色的尾部形成左右各一块白斑，极为醒目。雌鸟通体橄榄黄褐色，上体较暗，两翅黑褐色具淡棕色羽缘，眼周皮黄色，腹中部浅灰白色，尾具白斑。主要栖息于海拔 3000m 以下的常绿阔叶林和混交林中，尤其喜欢在阴暗、潮湿的山溪河谷森林地带栖息。主要以昆虫和昆虫幼虫为食，也吃少量植物的果实与种子。营巢于林下灌木低枝上或岩石和倒木下，也在岩边岩石缝隙或洞中营巢。

在湖南省为留鸟。种群数量非常稀少。湘西北山地有分布，罕见。

雌

— 拉丁学名 *Myophonus caeruleus*

— 英 文 名 Blue whistling Thrush

— 别　　名 箫声鸫、鸣鸡、山鸣鸡、铁老鸦

zǐ xiào dōng

紫啸鸫

鸣禽，体长 28 ~ 35cm，体重 136 ~ 210g。全身羽毛呈黑暗的蓝紫色，各羽先端具亮紫色的滴状斑，嘴、脚为黑色。主要栖于临河流、溪流或密林中的多岩石露出处。主要以昆虫和昆虫幼虫为食，也吃少量植物的果实和种子。营巢于岩隙间、树杈或山上庙宇的横梁上。

在湖南省为夏候鸟。种群数量稀少。全省各地有分布，偶见。

xiǎo yàn wěi

小燕尾

拉丁学名 *Enicurus scouleri*

英文名 Little Forktail

别　名 小剪尾、点水鸦雀

鸣禽，体长 11～14cm，体重 15～20g。上体黑色，头顶前部、腰和尾上覆羽白色。翅黑褐色具明显的白色翅斑。尾白色，中央尾羽端部黑色。下体胸以上黑色，胸以下白色。栖息于林中多岩的湍急溪流尤其是瀑布周围。主要以昆虫和昆虫幼虫为食。营巢于溪边岩石缝隙中。

在湖南省为留鸟。种群数量非常稀少。全省山地有分布，偶见。

huī bèi yàn wěi

灰背燕尾

— 拉丁学名 *Enicurus schistaceus*

— 英 文 名 Slaty–backed Forktail

— 别　　名 中国灰背燕尾

鸣禽，体长 21～24cm，体重 27～40g。额基、眼先、颊和颈侧黑色，前额至眼圈上方白色，头顶至背蓝灰色，腰和尾上覆羽白色，飞羽黑色。大覆羽、中覆羽先端，初级飞羽外翈基部和次级飞羽基部白色，构成明显的白色翼斑。次级飞羽外翈具窄的白色端斑。尾羽梯形成叉状，呈黑色，其基部和端部均白，最外侧两对尾羽纯白。颏至上喉黑色，下体余部纯白色。栖息于海拔 300～1600m 之间，常停息在水边乱石或激流中的石头上，出没于山涧溪流旁。主要以昆虫和昆虫幼虫为食。营巢于溪边岩石缝隙中，尤其是在一些小的瀑布后面的岩壁缝隙中较常见。

在湖南省为留鸟。种群数量非常稀少。全省山地有分布，易见。

bái é yàn wěi

白额燕尾

拉丁学名 *Enicurus leschenaulti*

英 文 名 White–crowned Forktail

别　　名 中国燕尾、黑背燕尾、白冠燕尾

鸣禽，体长 25～31cm，体重 37～52g。尾长、呈深叉状。通体黑白相杂。额和头顶前部白色，其余头、颈、背、颏、喉黑色。腰和腹白色，两翅黑褐色具白色翅斑。尾黑色具白色端斑，由于尾羽长短不一，中央尾羽最短，往外依次变长，因而使整个尾部呈黑白相间状。栖息于山涧溪流与河谷沿岸。主要以水生昆虫和昆虫幼虫为食。营巢于森林中水流湍急的山涧溪流沿岸岩石缝隙间。

在湖南省为留鸟。种群数量较少。全省山地有分布，少见。

bān bèi yàn wěi

斑背燕尾

— 拉丁学名 *Enicurus maculatus*

— 英 文 名 Splted Forktail

— 别　　名 东方花燕尾

鸣禽，体长 24 ~ 27cm，体重 35 ~ 48g。额和头顶前部白色，其余头、颏、喉和胸黑色。后颈有一白领，背黑色具圆形白色斑点。腰白色，两翅黑色具白色翅斑。尾黑色，呈深叉状，具白色端斑。栖息于海拔 800 ~ 2000m 间的地带，常出没于林区溪边和河流旁。主要以水生昆虫和昆虫幼虫为食，也食少量的植物性食物。营巢于急流附近的岩隙间。

在湖南省为留鸟。种群数量非常稀少。全省山地有分布，偶见。

hēi hóu shí jí

黑喉石䳭

拉丁学名 *Saxicola maurus*

英文名 Siberian Stonechat

别　名 石栖鸟、谷尾鸟、黑喉鸲

鸣禽，体长 12 ~ 15cm，体重 12 ~ 24g。雄鸟上体黑褐色，腰白色，颈侧和肩有白斑，颏、喉黑色，腹浅棕色或白色。雌鸟上体灰褐色，喉近白色，其余和雄鸟相似。主要栖息于低山、丘陵、平原、草地、沼泽、田间灌丛以及湖泊与河流沿岸附近的灌丛草地。主要以昆虫为食，也吃蚯蚓、蜘蛛及少量植物果实和种子。通常营巢于土坎或塔头墩下，也在岩坡石缝、土洞、倒木树洞等处筑巢。雏鸟晚成性。

在湖南省冬候鸟或旅鸟。种群数量较少。全省各地均有分布，少见。

雌

雄

huī lín jí

灰林鵖

— 拉丁学名 *Saxicola ferreus*
— 英文名 Grey Bushchat
— 别　名 灰丛树石栖鸟

鸣禽，体长 12 ~ 15cm，体重 10 ~ 21g。雄鸟上体暗灰色具黑褐色纵纹，白色眉纹长而显著，两翅黑褐色具白色斑纹，下体白色，胸和两胁烟灰色。雌鸟上体红褐色微具黑色纵纹，下体颏、喉白色，其余下体棕白色。主要栖息于海拔 3000m 以下的林缘疏林、草坡、灌丛以及沟谷、农田和路边灌丛草地，有时也沿林间公路和溪谷进到开阔而稀疏的阔叶林、松林等林缘和林间空地。主要以昆虫和昆虫幼虫为食，也吃少量植物果实、种子和草子。通常营巢于地上草丛或灌丛中，也在岸边或山坡岩石洞穴和石头下营巢。雏鸟晚成性。

在湖南省为留鸟。种群数量非常稀少。全省各地有分布，偶见。

— 雄

— 雌

lán jī dōng

蓝矶鸫

拉丁学名 *Monticola solitarius*

英 文 名 Blue Rock Thrush

别　　名 亚东蓝石鸫、麻石青

鸣禽，体长 20～30cm，体重 45～64g。雄鸟通体蓝色，雌鸟上体暗灰蓝色。背具黑褐色横斑，喉中部白色，其余下体棕白色具黑褐色鳞状斑。主要栖息于多岩石的低山峡谷以及山溪、湖泊等水域附近的岩石山地。主要以昆虫为食，也吃植物的果实和种子。营巢于沟谷岩石缝隙中或岩石间。

在湖南省为留鸟。种群数量非常稀少。全省各地均有分布，偶见。

lì fù jī dōng
栗腹矶鸫

拉丁学名 *Monticola rufiventris*

英文名 Chestnut-bellied Rock Thrush

别 名 布雷斯特德矶鸫

鸣禽，体长 20～25cm，体重 46～58g。雄鸟上体呈灰亮的钴蓝色，喉蓝黑色，其余下体栗红色。雌鸟上体橄榄褐色，背具黑色鳞状斑，下体棕白色杂以黑褐色横斑。繁殖期主要栖息于海拔 1500～3000m 的山地常绿阔叶林中，秋冬季多下到海拔 2000m 以下至海拔 1000m 左右的疏林和林缘地带活动，有时也进入到附近村寨的果园和人类房前屋后的树上。主要以甲虫、金龟子、毛虫等昆虫为食，也吃蜗牛、软体动物、蛙、水生昆虫和小鱼等其他动物。营巢于悬崖或岩石缝隙中，也在石头下或树根间的洞隙中营巢。

在湖南省为留鸟。种群数量非常稀少。全省山地有分布，偶见。

雄

雌

拉丁学名 *Monticola gularis*
英 文 名 White-throated Rock Thrush
别　　名 蓝头矶鸫、蓝头白喉矶鸫

bái hóu jī dōng
白喉矶鸫

鸣禽，体长 17~19cm，体重 30~39g。雄鸟头顶和翅上覆羽钴蓝色，背、两翅和尾黑色具白色翅斑，腰和下体栗色。喉白色。雌鸟上体橄榄褐色具黑色粗鳞状斑，头顶、两翅和尾灰褐色，喉白色，其余下体棕白色具黑色鳞状斑。栖息于海拔 700~1800m 针阔混交林和针叶林中，常见它站在树顶或岩巅处。主要以昆虫为食，也吃植物的果实和种子。营巢于大树根茎部洞穴或崖壁天然洞中。

在湖南省为冬候鸟。种群数量非常稀少。全省山地有分布，偶见。

huī wén wēng

灰纹鹟

拉丁学名 *Muscicapa griseisticta*

英文名 Grey-streaked Flycatcher

别　名 斑胸鹟、灰斑鹟

鸣禽，体长 13～15cm，体重 12～22g。上体灰褐色，下体污白色具明显的成条纹排列的纵纹。翅较长，褶合时翼几达尾端。栖息于低海拔的山地针阔叶混交林、针叶林和亚高山岳桦矮曲林中。主要以昆虫和昆虫幼虫为食。营巢于针叶林中鱼鳞松和冷杉等树上。

在湖南省为旅鸟。种群数量稀少。全省各地均有分布，偶见。

wū wēng
乌鹟

拉丁学名 *Muscicapa sibirica*
英文名 Dark-sided Flycatcher
别　名 黑胁鹟

鸣禽，体长 12～13cm，体重 9～15g。上体乌灰褐色，眼圈白色，翅和尾黑褐色，内侧飞羽具白色羽缘。下体污白色，胸和两胁纵纹粗阔，彼此相融成团。栖息于山脚、平原地带的阔叶林、次生林和林缘疏林灌丛中。主要以昆虫和昆虫幼虫为食。营巢于山溪、沟谷和林间疏林处的松树侧枝上。

在湖南省为旅鸟。种群数量稀少。全省各地有分布，少见。

bĕi huī wēng

北灰鹟

— 拉丁学名 *Muscicapa dauurica*

— 英 文 名 Asian Brown Flycatcher

— 别　　名 阔嘴鹟、棕褐鹟

鸣禽，体长 12～14cm，体重 7～16g。嘴较宽阔，上体灰褐色，眼周和眼先白色，翅和尾暗褐色，翅上大覆羽具窄的灰色端缘。下体灰白色，胸和两胁缀淡灰褐色。嘴较宽阔且为黑色，下嘴基黄色，脚黑色。栖息于落叶阔叶林、针阔叶混交林和针叶林中。主要以昆虫和昆虫幼虫为食。营巢于森林中乔木树枝杈上。

在湖南省为旅鸟。种群数量稀少。全省各地均有分布，偶见。

拉丁学名 *Ficedula zanthopygia*

英 文 名 Yellow-rumped Flycatcher

别　　名 黄腰鹟、鸭蛋黄、三色鹟、黄鹟

bái méi jī wēng

白眉姬鹟

雌

雄

鸣禽，体长 11～14cm，体重 10～15g。雄鸟上体大部黑色，眉纹白色。腰鲜黄色，两翅和尾黑色，翅上具白斑。下体鲜黄色。雌鸟上体大部橄榄绿色。腰鲜黄色，翅上具白斑。下体淡黄绿色。栖息于低山丘陵和山脚平原地带的河谷与林缘有老龄树木的疏林中。主要以昆虫和昆虫幼虫为食。营巢于阔叶疏林、林缘地带的天然树洞和啄木鸟废弃的巢洞中。

在湖南省为夏候鸟或旅鸟。种群数量非常稀少。全省各地有分布，偶见。

拉丁学名 *Ficedula mugimaki*

英 文 名 Mugimaki Flycatcher

别 名 知更鹟、黑橙鹟、普通鹟

qú jī wēng

鸲姬鹟

雄

雌

鸣禽，体长 11～13cm，体重 11～15g。雄鸟头和整个上体黑色，眼后上方有一短的白色眉斑。两翅和尾黑褐色，翅上有显著白斑，外侧尾羽基部为白色，下体自颏至上腹锈红色或橙棕色，其余下体白色。雌鸟上体灰褐色，眼先棕白色，下体自颏至上腹淡棕黄色，其余下体白色。栖息于低海拔的山地和平原湿润森林中。主要以天牛、金花虫、步行虫等昆虫和昆虫幼虫为食。营巢于针叶树紧靠主干的侧枝上。

在湖南省为夏候鸟。种群数量非常稀少。全省各地有分布，偶见。

hóng hóu jī wēng

红喉姬鹟

拉丁学名 *Ficedula albiclla*

英文名 Taiga Flycatcher

别　　名 黄点颏、红胸鹟

鸣禽，体长 11～13cm，体重 8～14g。雄鸟上体灰黄褐色，眼先、眼周白色，尾上覆羽和中央尾羽黑褐色，外侧尾羽褐色，基部白色。颏、喉繁殖期间橙红色，胸淡灰色，其余下体白色，非繁殖期颏、喉变为白色。雌鸟颏、喉白色，胸偏棕色，其余同雄鸟。栖息于低山丘陵和山脚平原地带的林缘疏林灌丛、次生林和庭院附近小林内。主要以昆虫和昆虫幼虫为食。营巢于森林中沿河一带老龄树洞或啄木鸟啄出的树洞中。

在湖南省为旅鸟。种群数量非常稀少。全省各地均有分布，偶见。

雌

雄

huī lán jī wēng

灰蓝姬鹟

拉丁学名 *Ficedula tricolor*

英 文 名 Slaty – blue Flycatcher

鸣禽，体长 10 ~ 13cm，体重 6 ~ 11g。雄鸟上体深蓝灰色，额淡蓝色，眼先和头侧黑色。尾黑色，颏、喉和上胸白色，其余下体灰白沾棕，胸和两胁沾褐色。雌鸟上体橄榄褐色，腰部沾棕，尾和尾上覆羽红棕色，两翅棕褐色。下体棕白色，胸和两胁较棕。夏季多栖息于海拔 1500 ~ 3000m 的山地常绿阔叶林、针阔混交林和针叶林中，冬季多下到低山和山脚平原地带的林缘、沟谷和河岸灌丛与草丛中。主要以叶甲、蚂蚁、小蜂等昆虫为食。营巢于山边、岩坡、陡坎或岩边洞穴中，也在树桩、倒木或距地不高的树干下部洞穴和裂缝中营巢。

在湖南省为夏候鸟。种群数量非常稀少。湘西北山地有分布，罕见。

雌

雄

拉丁学名 *Gyanoptila cyanomelana*

英 文 名 Blue and White Flycatcher

别　　名 白腹蓝姬鹟、蓝白鹟、白腹姬鹟

bái fù lán wēng

白腹蓝鹟

雌

雄

鸣禽，体长 14 ~ 17cm，体重 19 ~ 29g。雄鸟头顶钴蓝色或钴青蓝色，上体紫蓝色或青蓝色，两翅和尾黑褐色，外侧尾羽基部白色。头侧、颏、喉、胸黑色，其余下体白色。雌鸟上体橄榄褐色，腰沾锈色，眼圈白色。颏、喉污白色，胸灰褐色，胸以下白色。主要栖息于山地常绿阔叶林、混交林中，尤以林缘和较陡的溪流沿岸以及附近有陡岩或坡坎的森林地区较常见。主要以昆虫和昆虫幼虫为食。营巢于林中溪流和河谷两岸的陡岸坎坡上，也有在林缘河谷岸边及其附近崖坡上营巢。

在湖南省为旅鸟。种群数量稀少。全省山地有分布，罕见。

tóng lán wēng

铜蓝鹟

— 拉丁学名　*Eumyias thalassina*

— 英 文 名　Verditer Flycatcher

— 别　　名　印度铜蓝鹟

鸣禽，体长 13 ~ 16cm，体重 13 ~ 23g。雄鸟通体为鲜艳的铜蓝色，眼先黑色，尾下覆羽具白色端斑。雌鸟和雄鸟大体相似，但不如雄鸟羽色鲜艳，下体灰蓝色，颏近灰白色。主要栖息于海拔 900 ~ 3700m 的常绿阔叶林、针阔叶混交林和针叶林等山地森林和林缘地带。主要以昆虫和昆虫幼虫为食，也吃部分植物的果实和种子。通常营巢于岸边、岩坡和树根下的洞中或石隙间，也有在树洞、废弃房舍墙壁洞穴中营巢。

在湖南省为夏候鸟。种群数量稀少。湘西北山地有分布，偶见。

bái hóu lín wēng

白喉林鹟

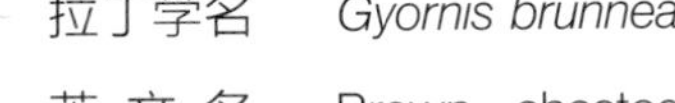

拉丁学名 *Gyornis brunneatus*

英 文 名 Brown–chested Jungle Flycatcer

别　　名 褐胸鹟、中国白喉鹟

鸣禽，体长 15 ~ 17cm。上体橄榄褐色，眼周淡黄色，尾上覆羽和尾羽红褐色。下体白色，胸淡皮黄灰色。栖息于海拔 1000m 以下的林缘下层、茂密竹丛、次生林及人工林。以昆虫和昆虫幼虫为食。

在湖南省为夏候鸟。种群数量非常稀少。湘中以南山地有分布，偶见。

shān lán xiān wēng

山蓝仙鹟

拉丁学名 *Cyornis banyumas*

英文名 Hill Blue Flycatcher

别　名 山蓝鹟、巨喙蓝鹟

鸣禽，体长 13～15cm，体重 12～20g。雄鸟额基和眼先黑色，额和眉纹灰蓝色，其余上体包括两翅和尾表面青蓝色或暗蓝色。颊、耳羽、头侧黑色。下体仅颏基黑色，其余颏、喉、胸、上腹和两胁橙棕色或橙色，下腹和尾下覆羽白色。雌鸟上体橄榄褐色或橄榄灰褐色，额基、眼圈淡棕色，两翅和尾暗褐色，羽缘淡棕色，尾上覆羽和尾更显得棕红。下体颏、喉、胸棕红色或淡赭色，两胁淡棕色，腹中央和尾下覆羽白色，有时尾下覆羽沾淡棕色。主要栖息于海拔 1200m 以下的常绿和落叶阔叶林、次生林和竹林中。主要以蚂蚁、甲虫等昆虫和昆虫幼虫为食，也吃少量植物果实和种子。通常营巢于离地 1.2m 高的苦竹上。

在湖南省为夏候鸟。种群数量稀少。湘西山地有分布，偶见。

雌

雄

拉丁学名　*Cyornis rubeculoides*
英 文 名　Blue-throated Flycatcher

lán hóu xiān wēng
蓝喉仙鹟

雌

鸣禽，体长 13～14cm，体重 15～17g。雄鸟上体包括两翅和尾表面深蓝色，额、眉纹以及翅上覆羽和尾上覆羽灰青蓝色。颊、颏、上喉、下喉两侧和颈侧蓝黑色，下喉和胸棕红色，腹和尾下覆羽白色。雌鸟上体橄榄褐色，眼先和眼周棕白色，尾红褐色。两翅黑褐色，羽缘红褐色。颏和上喉白色，喉、胸棕黄色，两胁橄榄褐色，腹和尾下覆羽白色。主要栖息于海拔 1500m 以下的低山和山脚地带的常绿阔叶林、针叶林、针阔叶混交林和周边林缘灌丛与竹丛中，尤其喜欢溪流与河谷沿岸的森林和灌丛。主要以鳞翅目、鞘翅目昆虫及昆虫幼虫为食。通常营巢于山边或陡岸岩石洞穴中。

在湖南省为夏候鸟。种群数量稀少。湘西北山地有分布，罕见。

雄

— 拉丁学名 *Niltava sundara*

— 英 文 名 Rufous－bellied Niltava

— 别　　名 褐腹仙鹟、橙腹仙鹟

zōng fù xiān wēng

棕腹仙鹟

— 雌

— 雄

鸣禽，体长 12～16cm，体重 17～24g。雄鸟额、眼先、颊部及颏喉部黑色，头顶钴蓝色，颈侧具一钴蓝色长细斑纹。上体黑蓝紫色，肩上具蓝色羽斑，飞羽棕褐色，尾羽黑褐色，外翈沾蓝黑色，腰部钴蓝色。下体棕色，胸部栗色，尾下覆羽棕色稍淡。嘴黑色，脚灰色。雌鸟上体橄榄褐色，尾上覆羽沾棕，两翅和尾暗褐色，羽缘棕褐色。下体淡橄榄棕色，颈侧有一钴蓝色块斑，上胸中部有一白斑。栖息于海拔 1200～2500m 的阔叶林、竹林、针阔叶混交林和林缘灌丛中，尤其喜欢湿润而茂密的温带森林。主要以甲虫、蚂蚁、蛾、蚊、纳、蜂、蟋蟀等昆虫为食，也吃少量植物果实和种子。通常营巢于陡岸岩坡洞穴中或石隙间，也在天然树洞中营巢。

在湖南省为夏候鸟。种群数量稀少。湘南、湘西北山地有分布，罕见。

xiǎo xiān wēng

小仙鹟

拉丁学名 *Niltava macgrigoriae*
英文名 Small Niltava
别名 蓝仙鹟

鸣禽，体长 11～13cm，体重 9～14g。雄鸟深蓝，脸侧及喉黑，臀白，前额、颈侧及腰为灰蓝色。雌鸟褐色，翼及尾棕色，颈侧具灰蓝色斑块，喉皮黄色，顶纹浅皮黄色。栖息于海拔 2100m 以下的山地常绿阔叶林和竹林中，尤以临近溪流等水域的疏林和林缘地带较常见。主要以甲虫、鳞翅目幼虫等昆虫和昆虫幼虫为食。营巢于海拔 900～2100m 的山地常绿阔叶林中，巢多置于山边岩石洞穴中，也有在溪边树洞和岸边崖壁洞穴中营巢。

在湖南省为留鸟或冬候鸟。种群数量稀少。湘南山地有分布，罕见。

雌

雄

（三十三）太平鸟科

xiǎo tài píng niǎo

小太平鸟

- 拉丁学名 *Bombycilla japonica*
- 英文名 Japanese Waxwing
- 别　　名 十二红

鸣禽，体长 16 ~ 20cm，体重 31 ~ 63g。头顶栗褐色具长尖簇状的羽冠。上体葡萄灰褐色，尾具黑色次端斑和红色尖端。颏、喉黑色，胸、腹栗灰色，尾下覆羽淡栗红色。主要栖息于阔叶林、杂木林、次生林和林缘地带。主要以植物的嫩枝、嫩叶、芽苞、果实、种子等植物性食物为食，也吃昆虫等动物性食物。

在湖南省为冬候鸟或旅鸟。种群数量极为稀少。湘中以北有分布，罕见。

（三十四）叶鹎科

- 拉丁学名　*Chloropsis hardwickei*
- 英 文 名　Orange－bellied Leafbird
- 别　　名　五彩雀

chéng fù yè bēi
橙腹叶鹎

鸣禽，体长 16～20cm，体重 21～40g。雄鸟额及头顶两侧微黄，后颈黄绿色，其余上体绿色，小覆羽亮钴蓝色，形成明显的肩斑，飞羽和尾羽黑色。颏、喉、上胸黑色具钴蓝色髭纹，其余下体橙色。雌鸟体羽多为绿色。主要栖息于海拔 2300m 以下的低山丘陵和山脚平原地带的森林中，尤以次生阔叶林、常绿阔叶林和针阔叶混交林中较常见。主要以昆虫为食，也吃部分植物果实和种子。营巢于森林中树上。

在湖南省为留鸟。种群数量非常稀少。湘南山地有分布，偶见。

雌

雄

（三十五）啄花鸟科

chún sè zhuó huā niǎo

纯色啄花鸟

拉丁学名 *Dicaeum concolor*

英 文 名 Plain Flowerpecker

别　　名 花蜜雀

鸣禽，体长 6 ~ 9cm，体重 5 ~ 8g。上体橄榄绿色，两翅和尾黑褐色，羽缘橄榄绿色。下体绿灰色。主要栖息于海拔 1500m 以下的山脚平原和低山丘陵地带的常绿阔叶林、次生林山间公路两侧的灌丛和人行道的树上，有时也出现在村寨附近的果园和花园中。以昆虫、植物果实、花、花蜜和种子为食。营巢于树上。

在湖南省为留鸟。种群数量非常稀少。湘南山地有分布，罕见。

- 拉丁学名 *Dicaeum ignipectus*
- 英 文 名 Fire–breasted Flowerpecker
- 别　　名 火胸啄花鸟、红心肝

hóng xiōng zhuó huā niǎo

红胸啄花鸟

雌

雄

鸣禽，体长 6～10cm，体重 5～10g。雄鸟上体为灰绿蓝色，下体棕黄色。脸侧和尾羽黑色，胸具朱红色块斑，腹具一道狭窄的黑色纵纹。雌鸟上体橄榄绿色，下体棕黄色。主要栖息于海拔 1500m 以下的低山丘陵和山脚平原地带的阔叶林和次生林中。主要以昆虫和植物果实为食，尤其嗜食浆果及寄生在常绿树上的槲寄生果实上黏质物。营巢于阔叶树上。

在湖南省为留鸟。种群数量非常稀少。全省山地有分布，罕见。

（三十六）花蜜鸟科

lán hóu tài yáng niǎo

蓝喉太阳鸟

- 拉丁学名　*Aethopyga gouldiae*
- 英 文 名　Mrs Gould's Sunbird
- 别　　名　古史太阳鸟、桐花凤

鸣禽，体长 9 ~ 16cm，体重 4 ~ 12g。嘴细长而向下弯曲，雄鸟前额至头顶、颏和喉灰紫蓝色，背、胸、头侧、颈侧朱红色，耳后和胸侧各有一紫蓝色斑，在四周朱红色衬托下甚醒目，腰、腹黄色，中央尾羽延长，紫蓝色。雌鸟上体橄榄绿色，腰黄色，喉至胸灰绿色，其余下体绿黄色。主要栖息于海拔 1000 ~ 3500m 的常绿阔叶林、沟谷季雨林和常绿、落叶混交林中，也出入于稀树草坡、果园、农地、河边与公路边的树上，有时也见于竹林和灌丛。主要以花蜜为食，也吃昆虫等动物性食物。营巢于海拔 1000 ~ 3000m 的常绿阔叶林中。

在湖南省为留鸟。种群数量非常稀少。湘西北山地有分布，罕见。

雄

雌

chā wěi tài yáng niǎo

叉尾太阳鸟

拉丁学名 *Aethopyga christinae*

英 文 名 Fork–tailed Sunbird

别　　名 绿背太阳鸟

鸣禽，体长 8～11cm，体重 5～9g。雄鸟头顶灰绿色，上体暗橄榄绿色，腰部呈鲜黄色，头侧黑色。颏、喉和上胸皆赭红或褐红色，下胸橄榄黄绿色，下体和两胁淡灰、淡乳黄至绿黄色。雌鸟上体橄榄黄绿色，尾羽橄榄黄色，翅暗褐色，羽缘橄榄黄色。喉至胸灰绿色，其余下体淡绿黄色。主要栖息于海拔 1000m 以下的低山丘陵和山脚平原地带的常绿阔叶林、次生林和热带雨林中，尤以山沟、溪旁和山坡阔叶林中较常见。主要以花蜜为食，也吃昆虫等动物性食物。营巢于阔叶林中树枝上。

在湖南省为留鸟。种群数量非常稀少。湘南、湘西北山地有分布，偶见。

雄

雌

（三十七）岩鹨科

zōng xiōng yán liù

棕胸岩鹨

— 拉丁学名 *Prunella strophiata*

— 英 文 名 Rufous – breasted Accentor

— 别　　名 山顶雀

鸣禽，体长 13 ~ 15cm，体重 15 ~ 22g。上体棕褐色具宽阔的黑色纵纹，眉纹前段白色、较窄，后段棕红色、较宽阔。颈侧灰色具黑色轴纹。颏、喉白色具黑褐色圆形斑点。胸棕红色，呈带状，胸以下白色具黑色纵纹。繁殖期间主要栖息于海拔 1800 ~ 4500m 的高山灌丛、草地、沟谷、牧场、高原和林线附近，秋冬季多下到海拔 1500 ~ 3000m 的中低山地区。主要以豆科、沙草科、禾本科、茜草科和伞形花科等植物的种子为食，也吃花楸、榛子、荚蒾等灌木果实和种子。此外也吃少量昆虫等动物性食物。通常营巢于灌丛中。

在湖南省为留鸟。种群数量非常稀少。湘西北壶瓶山等山地有分布，罕见。

（三十八）梅花雀科

bái yāo wén niǎo

白腰文鸟

拉丁学名 *Lonchura striata*

英 文 名 White-rumped Munia

别　　名 禾谷、十姐妹、白背文鸟、尖尾文鸟

鸣禽，体长 10～12cm，体重 9～15g。上体红褐色或暗沙褐色具白色羽干纹，额、嘴基、眼先、颏、喉黑褐色，颈侧和上胸栗色具浅黄色羽干纹和羽缘，腰白色，尾上覆羽栗褐色。栖息于低海拔的低山、丘陵和山脚平原地带，尤以溪流、苇塘、农田和村落附近较常见。性好结群。以稻谷、谷粒、草子、种子、果实、叶、芽等植物性食物为食，也吃少量昆虫等。营巢在田地边和村庄附近的树上或竹林中。雏鸟晚成性。

在湖南省为留鸟。种群数量稀少。全省各地均有分布，易见。

bān wén niǎo

斑文鸟

拉丁学名 *Lonchura punctulata*

英文名 Scaly-breasted Munia

别　　名 鳞胸文鸟、小纺织鸟、算命鸟

鸣禽，体长10~12cm，体重11~17g。嘴粗厚，黑褐色，上体褐色，下背和尾上覆羽羽缘白色形成白色鳞状斑，尾橄榄黄色。颏、喉暗栗褐色，其余下体白色具明显的暗红褐色鳞状斑。主要栖息在低山、丘陵、山脚和平原地带的农田、村落、林缘疏林及河谷地区。以谷粒等农作物为食，也吃草子和其他野生植物果实与种子，繁殖期间也吃部分昆虫。营巢于靠近主干的茂密侧枝枝杈处，也有在蕨类植物上营巢的。雏鸟晚成性。

在湖南省为留鸟。种群数量非常稀少。全省各地有分布，少见。

（三十九）雀 科

- 拉丁学名 *Passer cinnamomeus*
- 英 文 名 Russet Sparrow
- 别　　名 麻雀、红雀、桂色雀

shān má què

山麻雀

雄

雌

鸣禽，体长 13 ~ 15cm，体重 15 ~ 29g。雄鸟上体栗红色，背中央具黑色纵纹，头侧白色或淡灰白色，颏、喉黑色，其余下体灰白色或灰白色偏黄。雌鸟头顶灰褐色，具宽阔的皮黄白色眉纹和黑褐色贯眼纹，颏、喉无黑色。栖息于低山丘陵和山脚平原地带的各类森林和灌丛中。性喜结群。食性较杂，主要以植物性食物和昆虫为食。营巢于山坡岩壁天然洞穴中，也筑巢在堤坝、桥梁洞穴或房檐下和墙壁洞穴中。

在湖南省为留鸟。种群数量较少。全省各地均有分布，少见。

— 拉丁学名 *Passer montanus*

— 英 文 名 Eurasian Tree Sparrow

— 别　　名 树麻雀、家雀、瓦雀

麻 雀
má　què

鸣禽，体长 13~15cm，体重 16~24g。额、头顶至后颈栗褐色，头侧白色，耳部有一黑斑，在白色的头侧极为醒目。雌雄相似，但雌鸟腹部羽色较淡白，耳部及喉部黑斑较淡灰色。栖息在人类居住的环境中。性喜结群。食性较杂，以谷粒、草子、种子、果实等植物性食物为食，繁殖期间也吃大量昆虫，特别是雏鸟，几乎全以昆虫和昆虫幼虫为食。多营巢于房屋的屋檐和墙壁洞穴中。

在湖南省为留鸟。种群数量丰富。全省各地均有分布，常见。

— 雌

— 雄

（四十）鹡鸰科

shān jí líng

山鹡鸰

拉丁学名 *Dendronanthus indicus*

英 文 名 Forest Wagtail

别　　名 林鹡鸰、树鹡鸰、刮刮油

鸣禽，体长 15 ~ 17cm，体重 13 ~ 22g。上体橄榄绿色，翅上有两道显著的白色横斑，外侧尾羽白色。下体白色，胸有两道黑色横带。眉纹白色。主要栖于低山丘陵地带的山地森林中，尤以稀疏的次生阔叶林中较常见。飞行呈波浪式。主要以昆虫为食，也吃蜗牛、蛞蝓等小型无脊椎动物。营巢于树粗的水平侧枝上。雏鸟晚成性。

在湖南省主要为夏候鸟。种群数量稀少。全省各地均有分布，偶见。

拉丁学名 *Motacilla tschutschensis*

英 文 名 Eastern Yellow Wagtail

huáng jí líng

黄鹡鸰

鸣禽，体长 15～18cm，体重 16～22g。头顶蓝灰色或暗灰色。上体橄榄绿色或灰色，眉纹白色、黄色或无眉纹。尾黑褐色，下体黄色。栖息于低山丘陵、平原和山地的林缘、林中溪流、河谷、村野、湖畔和民居等地。主要以昆虫为食，种类有蚊、蚋、浮尘子、鞘翅目和鳞翅目昆虫等。营巢于河边岩坡草丛和潮湿的塔头甸子中的塔头墩边上。

在湖南省为冬候鸟。种群数量稀少。全省各地均有分布，偶见。

拉丁学名 *Motacilla citreola*
英 文 名 Citrine Wagtail
别　　名 黄头点水雀

huáng tóu jí líng
黄头鹡鸰

雄

雌

鸣禽，体长 15~19cm，体重 14~27g。雄鸟头和下体灰黄色。上体黑色或深灰色。尾黑褐色，两对外侧尾羽白色，翅暗褐色具白斑。雌鸟额和头侧灰黄色，头顶黄色杂有少许灰褐色。其余上体黑灰色或灰色，眉纹黄色。下体黄色。栖息于湖畔、河边、农田、草地、沼泽等各类生境中。食物主要以鞘翅目、鳞翅目、双翅目、半翅目等昆虫为食，偶尔也吃少量植物性食物。营巢于土丘下面地上或草丛中。

在湖南省为旅鸟。种群数量极为稀少。全省各地有分布，罕见。

拉丁学名 *Motacilla cinerea*

英 文 名 Grey Wagtail

别　　名 马兰花儿、黄鸰、点水雀

huī jí líng

灰鹡鸰

鸣禽，体长 16 ~ 19cm，体重 14 ~ 22g。上体暗灰色或暗灰褐色，眉纹白色，腰和尾上覆羽黄绿色，中央尾羽黑褐色，外侧一对尾羽白色，飞羽黑褐色具白色翅斑。颏、喉雄鸟夏季为黑色，冬季白色，雌鸟夏冬季均为白色。其余下体黄色。栖息于溪流、河谷、湖泊、水塘、沼泽等水域岸边或水域附近的草地、农田、住宅和林区居民点。主要以昆虫为食。营巢于河边土坑、水坝、河岸倒木树洞和墙壁缝隙等生境。

在湖南省多为冬候鸟，也有繁殖的。种群数量稀少。全省各地均有分布，易见。

bái jí líng

白鹡鸰

拉丁学名 *Motacilla alba*

英 文 名 White Wagtail

别　　名 白面鸟、马兰花儿、点水雀

鸣禽，体长 16 ~ 20cm，体重 15 ~ 30g。前额和脸颊白色，头顶和后颈黑色。背、肩黑色或灰色。尾长而窄，黑色，两对外侧尾羽白色。胸黑色，其余下体白色。两翅黑色而有白色翅斑。栖息于河流、湖泊、水库、水塘等岸边，也栖息于农田、湿草原、沼泽等湿地。以昆虫为食，主要有象甲、蛴螬、叩头虫、米象、毛虫、蝗虫、蝉、螽斯、金龟子、蚂蚁、蛾、蝇、蚜虫、蛆和昆虫幼虫等。营巢于水域附近岩洞、岩壁缝隙、河边土坎及河岸灌丛与草丛中。

在湖南省为冬候鸟或留鸟。种群数量丰富。全省各地均有分布，常见。

tián liù
田 鹨

— 拉丁学名 *Anthus richardi*
— 英 文 名 Richard's Pipit
— 别　　名 花鹨、理氏鹨

鸣禽，体长 15～19cm，体重 20～43g。上体多为黄褐色或棕黄色，头顶和背具暗褐色纵纹，眼先和眉纹眼黄白色。下体白色或皮黄白色，喉两侧有一暗褐色纵纹，胸具暗褐色纵纹。尾黑褐色，最外侧一对尾羽白色。栖息于开阔平原、草地、河滩、林缘灌丛、农田和沼泽等地。主要以昆虫为食。营巢于河边或湖畔草地上。

在湖南省为冬候鸟或留鸟。种群数量较少。全省各地均有分布，少见。

shù　liù
树　鹨

拉丁学名　*Anthus hodgsoni*

英 文 名　Olive－backed Pipit

别　　名　木鹨、麦如蓝儿

鸣禽，体长 15～16cm，体重 15～26g。上体橄榄绿色具少量褐色纵纹。眉纹乳白色或棕黄色，耳后有一白斑。下体灰白色，胸部及两胁具黑褐色纵纹。上喙角质色，下喙偏粉色，脚粉红色。主要栖息于低山丘陵和山脚平原草地。主要食物有蝗虫、象鼻虫、虻、金花虫、蚂蚁、毛虫和鳞翅目幼虫等。营巢于林缘、林间路边或林中空地等开阔地区的地上草丛或灌木旁浅坑内。

在湖南省为冬候鸟。种群数量较丰富。全省各地均有分布，少见。

拉丁学名　*Anthus roseatus*

英 文 名　Rosy Pipit

fěn hóng xiōng liù

粉红胸鹨

鸣禽，体长 13～18cm，体重 18～27g。上体橄榄灰色或绿褐色，头顶和背具明显的黑褐色纵纹。眉纹白色沾粉红，显著而长。头侧暗灰色，自颏至胸部淡灰葡萄红色。下体余部乳白色或棕白色，也有呈黄褐色的。胸和两胁具深色纵纹，腋羽柠檬黄色。虹膜暗褐色，嘴黑褐色，下嘴基部色较淡，跗跖和趾褐色。主要栖息于山地、林缘、灌丛、草原、河谷地带。主要以各种杂草种子等植物性食物为食。营巢于林缘及林间空地，河边或湖畔草地上，也在沼泽或水域附近草地和农田地边营巢。

在湖南省为冬候鸟。种群数量较少。湘西北有分布，偶见。

hóng hóu liù

红喉鹨

— 拉丁学名　*Anthus cervinus*
— 英 文 名　Red-throated Pipit
— 别　　名　红眉鹨、红颊鹨、红胸鹨

鸣禽，体长 14～16cm，体重 17～25g。上体橄榄灰褐色、暗褐色至棕褐色，雌雄随季节和年龄而不同，但均具暗褐色或黑褐色纵纹。颏、喉、上胸和眉纹棕红色，下体黄褐色，下胸和两胁具黑褐色纵纹。喙角质色，基部黄色，脚肉色。栖息于林缘、次生林、林间空地、河流湖泊、岸边等生境。主要以昆虫为食。营巢于有柳灌丛生长的沼泽草地。

在湖南省为冬候鸟或旅鸟。种群数量较少。全省各地均有分布，偶见。

拉丁学名　*Anthus rubescens*

英 文 名　Buff－bellied Pipit

huáng fù liù

黄腹鹨

鸣禽，体长 14～17cm，体重 15～26g。上体褐色浓重，颈侧具近黑色的块斑。眉纹自嘴基起棕黄色，后转为白色或棕白色，具黑褐色贯眼纹。下背、腰至尾上覆羽几纯褐色、无纵纹或纵纹极不明显。两翅黑褐色具橄榄黄绿色羽缘。颏、喉白色或棕白色，喉侧有黑褐色颧纹，胸及两胁具粗著的黑色纵纹，其余下体白色。上嘴角质色，下嘴偏粉色，脚暗黄。野外停栖时，常做有规律的上、下摆动。主要栖息于山地、林缘、灌木丛、草原、河谷地带。冬季喜沿溪流的湿润多草地区及稻田活动。主要以昆虫为食，也吃少量杂草种子。营巢于林缘及林间空地，也在沼泽或水域附近草地和农田地边营巢。

在湖南省为冬候鸟。种群数量稀少。全省各地均有分布，偶见。

shuǐ liù

水 鹨

拉丁学名 *Anthus spinoletta*

英 文 名 Water Pipit

别　　名 黄腹鹨

鸣禽，体长 15 ~ 18cm，体重 18 ~ 27g。上体灰褐色或橄榄褐色、具不明显的暗褐色纵纹。翅上有两条白色横带，下体棕白色或浅棕色，前部具浓密的褐色纵纹。栖息于水域附近的农田、草地、水渠和旷野等生境。主要以昆虫为食，也吃少量杂草种子和小型无脊椎动物。营巢于地上草丛中或灌木丛旁。

在湖南省为冬候鸟。种群数量稀少。全省各地均有分布，少见。

（四十一）燕雀科

yàn què
燕 雀

— 拉丁学名 *Fringilla montifringilla*

— 英 文 名 Brambling

— 别 名 虎皮雀

鸣禽，体长 14 ~ 17cm，体重 18 ~ 28g。嘴粗壮而尖，呈圆锥状。雄鸟从头至背灰黑色，背具黄褐色羽缘，腰白色，颏、喉、胸橙黄色，腹至尾下覆羽白色，两胁淡棕色具黑色斑点。两翅和尾黑色，翅上具白斑。雌鸟体色较淡，上体褐色具黑色斑点，头顶和枕具窄的黑色羽缘，头侧和颈侧灰色，腰白色。主要栖息于阔叶林、针阔混交林和针叶林等各类森林中。以草子、果实、种子等植物性食物为食。营巢于桦树、杉树、松树等各种树上紧靠主干的分枝处。

在湖南省为冬候鸟。种群数量稀少。全省各地均有分布，易见。

雄

雌

xī zuǐ què

锡嘴雀

— 拉丁学名 *Coccothraustes coccothraustes*

— 英 文 名 Hawfinch

— 别　　名 蜡嘴雀、截翅蜡嘴、老锡

鸣禽，体长16～20cm，体重40～65g。嘴粗大、铅蓝色或黄色，头皮黄色，喉有一黑色块斑。背棕褐色，后颈有一灰色翎环。两翅和尾黑色，尾上覆羽棕黄色，尾具白色端斑，翅上有大的白色翅斑。下体灰红色或葡萄红色。栖息于低山、丘陵和平原地带的阔叶林、针阔混交林、次生林和人工林中，秋冬季常到林缘、溪边、果园、路边和农田地带的小树林和灌丛中，有时到城市公园和房舍边孤立树上活动和觅食。主要以植物果实、种子为食，也吃昆虫。营巢在阔叶树枝叶茂密的侧枝上，极为隐蔽。

在湖南省为冬候鸟。种群数量非常稀少。湘中以北地区有分布，罕见。

hēi wěi là zuǐ què
黑尾蜡嘴雀

— 拉丁学名 *Eophona migratoria*
— 英 文 名 Chinese Grosbeak
— 别　　名 白翅蜡嘴、黑尖蜡嘴

鸣禽，体长 17 ~ 21cm，体重 40 ~ 60g。嘴粗大，黄色，喙尖黑色。雄鸟头灰黑色，背、肩灰褐色，腰和尾上覆羽浅灰色，两翅和尾黑色，初级覆羽和外侧飞羽具白色端斑。雌鸟头灰褐色，背灰黄褐色，腰和尾上覆羽近银灰色，下体淡灰褐色，腹和两胁偏橙黄色。栖息于低山和山脚平原地带的阔叶林、针阔混交林、次生林和人工林中。有时集成数十只大群。树栖性。以种子、果实、草子、嫩叶、嫩芽等植物性食物为食，也吃部分昆虫。营巢于柞树、杨树或其他乔木侧枝枝杈上。雏鸟晚成性。

在湖南省为留鸟或冬候鸟。种群数量较丰富。全省各地均有分布，易见。

雌

雄

拉丁学名 *Eophona personata*

英文名 Japanese Grosbeak

别　　名 黄嘴、黑翅蜡嘴

hēi tóu là zuǐ què

黑头蜡嘴雀

鸣禽，体长 21 ~ 24cm，体重 45 ~ 122g。嘴粗大、蜡黄色，头黑色，上下体羽灰色，两翅和尾黑色，翅上具白色翅斑。栖息于平原和丘陵的溪边灌丛、草丛和次生林，也见于山区的灌丛、常绿林和针阔混交林中。杂食性。繁殖期以昆虫为食，秋冬季节以植物的果实、种子为食，尤其喜欢吃红松种子。营巢于茂密的原始针阔叶混交林中的松树、椴树、水曲柳等乔木枝杈上。

在湖南省为冬候鸟或旅鸟。种群数量非常稀少。全省各地有分布，罕见。

拉丁学名 *Pyrrhula nipalensis*

英 文 名 Brown Bullfinch

别　　名 娘娘雀

hè huī què

褐灰雀

雌

雄

鸣禽，体长 16 ~ 17cm，体重 19 ~ 25g。上下体羽灰褐色，头顶各羽中央较暗，形成鳞状斑，眼先、眼周和嘴基黑褐色，眼下有一白斑。腰白色，两翅和尾黑色，最内侧一枚飞羽外翈羽缘赤红色。雌鸟和雄鸟相似，但最内侧一枚飞羽外翈为草黄色而不为赤红色。主要栖息于阔叶林、针阔叶混交林和林缘及杜鹃灌丛中。主要以树木、灌木的果实和种子为食，也吃草子、植物芽苞、嫩叶、花蕾等植物性食物，间或亦吃部分昆虫等动物性食物。营巢于山地阔叶地或针阔叶混交林中的林下灌木低枝上。

在湖南省为留鸟。种群数量稀少。湘南山地有分布，罕见。

huī tóu huī què

灰头灰雀

— 拉丁学名 *Pyrrhula erythaca*

— 英 文 名 Grey-headed Bullfinch

— 别　　名 赤胸灰雀

鸣禽，体长 14 ~ 16cm，体重 15 ~ 24g。额基、眼先、眼周和颏黑褐色。上体灰色，腰白色，两翅和尾黑色具紫色光泽。喉和上胸灰色，下胸、腹和两胁橙红或棕黄色，下腹灰白色，尾下覆羽白色。雌鸟和雄鸟相似，但体羽较暗淡，下体无红色而为棕褐色。栖息于高山针叶林、针阔叶混交林、桦树林、杜鹃灌丛、柳丛、林缘灌丛和竹丛中。主要以植物果实、种子和草子为食，也吃部分昆虫和小型无脊椎动物等动物性食物。

在湖南省为留鸟。种群数量非常稀少。湘西北山地有分布，罕见。

— 雌

— 雄

拉丁学名 *Carpodacus erythrinus*

英 文 名 Common Rosefinch

别　　名 红朱雀、马料、青麻料

pǔ tōng zhū què

普通朱雀

雄

鸣禽，体长 13 ～16cm，体重 18～31g。雄鸟头顶、腰、喉、胸红色或洋红色，背、肩褐色或橄榄褐色，羽缘沾红色，两翅和尾黑褐色，羽缘沾红色。雌鸟上体灰褐或橄榄褐色、具暗色纵纹，下体白色或皮黄白色、亦具黑褐色纵纹。主要栖息于海拔 1000m 以上的针叶林和针阔叶混交林及其林缘地带，冬季多下降到海拔 2000m 以下的中低山和山脚平原地带的阔叶林和次生林中，尤以林缘、溪边和农田地边的小块树丛和灌丛中较常见，有时也到村寨附近的果园、竹林和房前屋后的树上。以果实、种子、花序、芽苞、嫩叶等植物性食物为食，繁殖期间也吃部分昆虫。营巢于蔷薇等有刺灌木丛中和小树枝杈上。距地高 0.5～1m，较隐蔽。

在湖南省为冬候鸟。种群数量非常稀少。全省山地有分布，偶见。

雌

jiǔ hóng zhū què

酒红朱雀

拉丁学名 *Carpodacus vinaceus*

英文名 Vinaceous Rosefinch

别　名 红麻雀、石麻雀

鸣禽，体长 13～15cm，体重 17～25g。雄鸟通体深红色，头部深朱红或棕红色，下背和腰玫瑰红色，眉纹粉红色而具丝绢光泽。两翅和尾黑褐或灰褐色、具暗红色狭缘，内侧两枚三级飞羽具淡粉红色先端。雌鸟上体淡棕褐色具黑褐色羽干纹，两翅和尾暗褐色，外翈羽缘淡棕色，最内侧两枚三级飞羽具棕白色端斑，下体淡褐或赭黄色、具窄的黑色羽干纹。栖息于海拔 3000m 以下的山地针叶林、杨桦林、竹林和针阔混交林及其林缘地带。主要以草子、果实和种子等植物性食物为食，也吃少量昆虫。巢营于灌木密枝上，由禾本科植物的茎和根等编成。

在湖南省为留鸟。种群数量非常稀少。湘西北山地有分布，罕见。

雌

雄

jīn chì què
金翅雀

— 拉丁学名 *Chloris sinica*
— 英文名 Grey-capped Greenfinch
— 别 名 绿雀、芦花黄雀、中国金翅雀、灰头金翅雀

鸣禽，体长 12～14cm，体重 15～22g。嘴细直而尖，基部粗厚，头顶暗灰色。背栗褐色具暗色羽干纹，腰金黄色，尾下覆羽和尾基金黄色，翅上翅下都有一块大的金黄色块斑。主要栖息于低山、丘陵、山脚和平原等开阔地带的疏林中，尤其喜欢林缘疏林和生长有零星大树的山脚平原。以植物果实、种子、草子和谷粒等为食。营巢于低山丘陵和山脚地带针叶树的幼树枝杈上和杨树、果树、榕树等阔叶树和竹丛中。雏鸟晚成性。

在湖南省为留鸟。种群数量较丰富。全省各地均有分布，常见。

拉丁学名 *Spinus spinus*
英 文 名 Eurasian Siskin
别　　名 欧洲黄雀、洁黄雀

huáng　què
黄　雀

雄

鸣禽，体长 11～12cm，体重 10～16g。雄鸟额至头顶和颏黑色，上体黄绿色，腰黄色，两翅和尾黑褐色，尾基两侧和翅鲜黄色，胸黄色，腹白色。雌鸟上体灰绿色具暗色纵纹，头顶和颏无黑色，腰橄榄黄色亦具暗色纵纹，下体黄白色具暗色纵纹。主要栖息于低山丘陵和山脚平原的人工针叶林和阔叶林中。主要以植物性食物为食，也吃昆虫等动物性食物。营巢于松树上部茂密的侧枝上。

在湖南省为冬候鸟。种群数量稀少。全省各地有分布，偶见。

雌

（四十二）鹀 科

fèng tóu wú

凤头鹀

拉丁学名 *Melophus lathami*

英 文 名 Crested Bunting

别 名 凤头雀

鸣禽，体长 14～16cm，体重 21～31g。雄鸟头部具明显的黑色羽冠，通体大多黑色。两翅、尾以及尾上覆羽栗红色，尾端黑。雌鸟具短的褐色羽冠，上体暗橄榄褐色，两翅暗褐色具栗色或栗红色羽缘。尾暗褐色，下体污皮黄色或暗褐皮黄色，胸具窄的黑色纵纹。栖息于低山丘陵和山脚平原等开阔地带，尤以河谷、溪流两岸疏林灌丛地带较常见。主要以草子、谷粒等植物性食物为食，也吃昆虫和其他小型无脊椎动物。营巢于相当陡的河岸、陡的崖坡的岩石缝隙和洞穴中。

在湖南省为留鸟。种群数量非常稀少。全省各地有分布，罕见。

雄

雄

雌

lán wú
蓝鹀

拉丁学名 *Emberiza* siemsseni

英 文 名 Slaty Bunting

别　　名 蓝雀

鸣禽，体长 12 ~ 14cm，体重 13 ~ 17g。雄鸟通体石板灰蓝色，腹至尾下覆羽白色，两翅黑褐色具蓝灰色羽缘，尾黑色或蓝黑色，具灰蓝色羽缘，最外侧一对尾羽具楔状白斑。雌鸟头、颈、上背、颏、喉和胸皆为棕黄色或棕褐色，腰至尾上覆羽石板灰色，腹至尾下覆羽白色，两翅黑褐色，羽缘棕褐色，尾灰褐色，最外侧一对尾羽具大型楔状白斑。栖息于山麓平坝、沟谷和林缘地带灌丛、草丛中。主要以草子、种子等植物性食物为食，也吃昆虫等动物性食物。

在湖南省为冬候鸟。种群数量非常稀少。全省各地有分布，罕见。

雌

雄

— 拉丁学名 *Emberiza cioides*
— 英 文 名 Meadow Bunting
— 别　　名 山麻雀、韩鸥、小栗鹀

sān dào méi cǎo wú

三道眉草鹀

鸣禽，体长 15～18cm，体重 19～29g。头顶、后颈和耳覆羽栗色，眉纹灰白色或白色，眼先和颊纹黑色，在黑色颊纹上面有一宽的白带。背、肩栗红色具黑色纵纹，腰和尾上覆羽棕红色，两翅和尾黑褐色，颏、喉白色或灰白色，胸栗色，下胸和两胁棕红色，其余下体皮黄白色。主要栖息于林缘疏林、山坡幼林以及农田、道边附近的小树林和灌丛中。主要以昆虫为食，也吃草子等植物性食物。营巢于林缘、林下、路边灌丛与草丛中以及枝叶茂密的小松树和灌木枝杈上。

在湖南省为留鸟。种群数量稀少。全省各地均有分布，少见。

bái méi wú

白眉鹀

拉丁学名 *Emberiza tristrami*

英文名 Tritram's Bunting

别 名 白三道、小白眉、五道眉

鸣禽，体长13～15cm，体重14～20g。雄鸟头黑色，中央冠纹、眉纹和一条宽阔的颊纹均为白色。背、肩栗褐色具黑色纵纹，腰和尾上覆羽栗色或栗红色。颏、喉黑色，下喉白色，胸栗色，其余下体白色，两胁具栗色纵纹。雌鸟和雄鸟相似，但头不为黑色而为褐色，颏、喉白色。栖息于低山针阔叶混交林、针叶林和阔叶林、林缘次生林、林间空地、溪流沿岸森林等地。主要以草子等植物性食物为食，也吃昆虫和昆虫幼虫等动物性食物。营巢于林下灌丛和草丛尤其是溪边和沟谷附近的林下灌丛。雏鸟晚成性。

在湖南省为冬候鸟旅鸟。种群数量非常稀少。全省各地有分布，偶见。

雄

雌

拉丁学名 *Emberiza fucata*
英 文 名 Chestnut－eared Bunting
别　　名 赤胸鹀、灰顶鹀

lì ěr wú 栗耳鹀

鸣禽，体长 15～16cm，体重 16～27g。头顶至后颈和颈侧灰色或褐灰色，具黑色羽干纹，颊和耳羽栗色在头侧形成一大的栗色块斑，颊纹皮黄色，髭纹黑色。背栗色或栗褐色，具黑色羽干纹。颏、喉、胸白色或皮黄白色，上胸有一排由黑色点斑组成的黑带，两端与黑色髭纹相连，形成一黑色“U”形斑。其下有一栗色胸带，其余下体白色或皮黄白色。雌鸟和雄鸟相似。但胸部黑色斑点小而少，黑色胸带不明显或缺失，仅有不明显的栗色胸带。栖息于低山、丘陵和平原等生长有稀疏灌木的林缘、沼泽、草地以及溪边灌木沼泽地区。主要以昆虫为食，也吃草子等植物性食物。营巢于林缘、林间、路边有稀疏灌木的沼泽草甸中。

在湖南省为冬候鸟。种群数量非常稀少。全省各地有分布，偶见。

雄

雌

- 拉丁学名 *Emberiza pusilla*
- 英文名 Little Bunting
- 别　　名 红脸鹀

xiǎo wú
小鹀

鸣禽，体长 12 ~ 14cm，体重 11 ~ 17g。雄鸟头顶中央栗色或栗红色，两侧具有一条宽的黑色侧冠纹，眉纹、眼先、眼周、颊、耳羽栗色，在头侧形成一块栗色斑，其余上体沙褐色具黑色羽干纹，两翅和尾黑褐色。颏、喉栗红色或淡栗色，其余下体白色，胸和两胁具黑色纵纹。雌鸟和雄鸟相似，但头顶栗色较淡为红褐色具黑色纵纹，其余体羽亦淡。冬季栖息于低山、丘陵和山脚平原地带的灌丛、草地及农田、地边和旷野中的灌丛与树上。主要以草子、种子、果实等植物性食物为食，也吃昆虫等动物性食物。营巢于地上草丛或灌丛中。雏鸟晚成性。

在湖南省为冬候鸟。种群数量较丰富。全省各地均有分布，易见。

huáng méi wú

黄眉鹀

— 拉丁学名 *Emberiza chrysophrys*
— 英 文 名 Yellow–browed Bunting
— 别　　名 五道眉、黄眉子、金眉子

雄

雌

鸣禽，体长 14～16cm，体重 15～25g。头顶和头侧黑色，头顶中央有一白色冠纹，眉纹淡黄色，从眼以后变为白色，背棕褐色或红褐色具宽的黑色中央纹，腰和尾上覆羽棕红色或栗色，两翅和尾黑褐色，颊纹白色，髭纹黑色，喉具小的黑褐色条纹，胸和两胁具暗色纵纹，下体白色。雌鸟似雄鸟，但头部呈褐色，头侧、耳羽淡褐，下体黑色条纹较少。冬季栖息于低山丘陵和山脚平原地带的混交林和阔叶林中。主要以草子等植物性食物为食，也吃少量昆虫。营巢于树上。

在湖南省为冬候鸟或旅鸟。种群数量非常稀少。全省各地有分布，偶见。

- 拉丁学名 *Emberiza rustica*
- 英 文 名 Rustic Bunting
- 别　　名 白眉儿、花眉儿、田雀

tián　wú
田 鹀

雌

雄

鸣禽，体长 14 ~ 16cm，体重 15 ~ 22g。雄鸟具短的羽冠，头部及颊近黑色，眉纹白色或土黄白色，枕部有一白斑，颊纹土黄白色，其下有一由黑色斑点形成的颚纹位于喉侧。其余上体栗红色，背羽具黑褐色纵纹，两翅和尾黑褐色，下体白色，胸具宽阔的栗色横带，两胁栗色。雌鸟头部为沙色或棕褐色具褐色纵纹，下体具褐色纵纹。栖息于低山丘陵和山脚平原等开阔地带的灌丛与草丛中。主要以各种杂草种子、植物嫩芽和灌木浆果等植物性食物为食，也吃昆虫和蜘蛛等无脊椎动物。营巢于前一年的枯草丛中。

在湖南省为冬候鸟。种群数量稀少。湘中以北地区有分布，少见。

huáng hóu wú

黄喉鹀

拉丁学名 *Emberiza elegans*

英 文 名 Yellow－throated Bunting

别　　名 黄眉子、黄豆瓣、黄凤儿

雄

雌

鸣禽，体长14～15cm，体重11～24g。雄鸟有一短而竖直的黑色冠羽，其余头顶和头侧亦为黑色，眉纹自额至枕侧长而宽阔，前段为黄白色，后段为鲜黄色。背栗红色或暗栗色具黑色羽干纹，两翅和尾黑色，翅上有两道白色翅斑。颏黑色，上喉黄色，下喉白色，胸有一半月形黑斑，其余下体白色或灰白色，两胁具栗色纵纹。雌鸟羽色较淡，头部为褐色，前胸半月形斑不明显或消失。栖息于低山丘陵地带的次生林、阔叶林、针阔混交林的林缘灌丛中。主要以昆虫和昆虫幼虫等为食。营巢于林缘、河谷和路旁次生林与灌丛中的地上草丛中或树根旁。

在湖南省为留鸟或旅鸟。种群数量较少。全省各地有分布，少见。

— 拉丁学名 *Emberiza aureola*
— 英 文 名 Yellow-breasted Bunting
— 别 名 禾花雀

huángxiōng wú

黄胸鹀

雌

雄

鸣禽，体长 14～15cm，体重 19～29g。雄鸟额、头顶、颏、喉黑色，头顶和上体栗色或栗红色，尾黑褐色，外侧两对尾羽具长的楔状白斑。两翅黑褐色，翅上具一窄的白色横带和一宽的白色翅斑。下体鲜黄色，胸有一深栗色横带。雌鸟上体棕褐色或黄褐色，具粗著的黑褐色中央纵纹，腰和尾上覆羽栗红色，两翅和尾上覆羽黑褐色，中覆羽具宽阔的白色端斑，大覆羽具窄的灰褐色端斑亦形成两道淡色翅斑，眉纹皮黄白色。下体淡黄色，胸无横带，两胁具栗褐色纵纹。栖息于低山丘陵和开阔平原地带的溪流、湖泊和沼泽附近的灌丛、草地中。主要以昆虫和昆虫幼虫为食，也吃部分草子和植物的果实与种子。营巢于草原、沼泽和河流、湖泊岸边地上的草丛中。

在湖南省为旅鸟。种群数量非常稀少。全省各地均有分布，偶见。

栗鹀

lì wú

— 拉丁学名 *Emberiza rutila*

— 英 文 名 Chestnut Bunting

— 别　　名 紫背、红金钟、大红袍

鸣禽，体长14～15cm，体重15～22g。雄鸟头、上体、喉和上胸概为栗棕色或栗红色，两翅和尾黑褐色，翅上覆羽和三级飞羽具灰白色羽缘。胸、腹等下体黄色。雌鸟上体棕褐色或橄榄褐色具暗色纵纹，有一淡色眉纹。腰和尾上覆羽栗色无纵纹。颏、喉等下体皮黄白色或黄白色具暗色纵纹。主要栖息于较为开阔的稀疏森林中，尤其喜欢河流、湖泊、沼泽和林缘地带的次生杨树林、桦树林或含有杨、桦树的其他杂木疏林和灌丛。主要以草子、种子、果实和植物叶芽等植物性食物为食，也吃谷粒和昆虫。营巢于地上或干草丛中。

在湖南省为旅鸟。种群数量稀少。全省各地有分布，偶见。

雌

雄

雄 夏羽

huī tóu wú

灰头鹀

拉丁学名 *Emberiza spodocephala*

英文名 Black–faced Bunting

别 名 青头儿、青头鹀、黑脸鹀、蓬鹀

鸣禽，体长 14～15cm，体重 14～26g。雄鸟嘴基、眼先、颊黑色，头、颈、颏、喉和上胸灰色，有的颏、喉、胸为黄色和微具黑色斑点。腹至尾下覆羽黄白色，两胁具黑褐色纵纹。雌鸟头和上体灰色或红褐色具黑色纵纹，眉纹灰白色，下体白色或黄白色，胸和两胁具黑色纵纹。栖息于林缘、次生林、疏林灌丛和稀树草坡地带。主要以昆虫、昆虫幼虫和小型无脊椎动物为食，也吃草子、种子、谷粒等。营巢于河谷、林间公路两边的次生林、灌丛与草丛中。

在湖南省为夏候鸟或冬候鸟。种群数量稀少。全省各地有分布，少见。

— 雌

— 雄

— 拉丁学名 *Emberiza pallasi*
— 英 文 名 Palla's Bunting
— 别　　名 山家雀儿

wěi wú
苇 鹀

鸣禽，体长 13～14cm，体重 11～16g。雄鸟夏羽头顶、头侧、颏、喉一直到上胸中央黑色，其余下体乳白色，自下嘴基沿喉侧有一条白带，往后与胸侧、下体的白色相连，并在颈侧向背部延伸，在后形成一条宽阔的白色颈环。翼上小覆羽栗色。雌鸟与雄鸟冬羽相似，头顶和枕沙皮黄色或褐色具细的暗色纵纹，眉纹和颊纹白色，耳羽栗色，髭纹由一些暗色斑点形成。翅上小覆羽灰色。栖息于山脚平原地带的灌丛、草地、芦苇沼泽和农田地区。主要以草子、种子和果实等植物性食物为食，也吃部分昆虫和昆虫幼虫。营巢于森林苔原地带的地上草丛或灌木低枝上。

在湖南省为旅鸟。种群数量非常稀少。仅洞庭湖有分布，偶见。

参考文献

[1] 郑光美. 中国鸟类分类与分布名录(第三版)[M]. 北京:科学出版社,2017

[2] 段文科,张正旺. 中国鸟类图志[M]. 北京:中国林业出版社,2017

[3] 曲利平. 中国鸟类图鉴(便携版)[M]. 福建:海峡出版发行集团,2014

[4] 赵正阶. 中国鸟类志[M]. 长春:吉林科学技术出版社,2001

[5] 约翰·马敬能,等. 中国鸟类野外手册[M]. 长沙:湖南教育出版社,2000

[6] 邓学建,等. 湖南省动物志[鸟纲 雀形目][M]. 长沙:湖南科学技术出版社,2013

[7] 邓学建. 洞庭湖脊椎动物监测及鸟类资源[M]. 长沙:湖南师范大学出版社,2007

[8] 刘学忠,等. 北戴河鸟类图志[M]. 石家庄:河北教育出版社,2011

[9] 赵欣如. 北京鸟类图鉴[M]. 北京:北京师范大学出版社,2014

[10] 聂延秋. 乌梁素海野生鸟类[M]. 呼和浩特:内蒙古人民出版社,2011

[11] 赵欣如,等. 野外观鸟手册[M]. 北京:化学工业出版社,2010

[12] 刘月良. 黄河三角洲鸟类[M]. 北京:中国林业出版社,2013

图书在版编目（CIP）数据

湖南鸟类图鉴 / 李剑志著. — 长沙：湖南科学技术出版社, 2018.11

ISBN 978-7-5357-9934-0

Ⅰ. ①湖… Ⅱ. ①李… Ⅲ. ①鸟类－湖南－图集Ⅳ. ①Q959.708-64

中国版本图书馆CIP数据核字(2018)第200415号

湖南鸟类图鉴

著　　者：李剑志
责任编辑：欧阳建文
出版发行：湖南科学技术出版社
社　　址：长沙市湘雅路276号
　　　　　http://www.hnstp.com
湖南科学技术出版社天猫旗舰店网址：
　　　　　http://hnkjcbs.tmall.com
印　　刷：湖南天闻新华印务有限公司（长沙）
　　　　　（印装质量问题请直接与本厂联系）
厂　　址：湖南望城·湖南出版科技园
邮　　编：410219
版　　次：2018年11月第1版
印　　次：2018年11月第1次印刷
开　　本：889mm × 1194mm 1/20
印　　张：25.2
字　　数：600000
书　　号：ISBN 978-7-5357-9934-0
定　　价：128.00元